DIANGONG PEIXUN SHITIJI
GAOJIGONG JISHI

电工培训试题集

（高级工 技师）

•李新会　主编　•范似锦　副主编　•赵 虹　主审

化学工业出版社
·北京·

内 容 简 介

本书依据国家人力资源和社会保障部颁布的《电工国家职业标准》编写，包括电工高级工及技师职业技能培训试题集。

电工高级工（三级）试题集涵盖：职业道德、基础知识、继电控制电路装调与维修、电气设备装调与维修、自动控制电路装调与维修、应用电子电路装调与维修、交直流传动系统装调与维修七个模块。

电工技师（二级部分）试题集主要内容为：职业道德、基础知识、电气设备装调与维修、自动控制电路装调与维修、应用电子电路装调与维修、交直流传动系统及伺服系统装调与维修、培训与技术管理七个模块。

本书适用于电工高级工及技师职业技能鉴定培训。

图书在版编目（CIP）数据

电工培训试题集：高级工、技师/李新会主编. —北京：化学工业出版社，2020.12（2025.7 重印）

ISBN 978-7-122-37850-7

Ⅰ.①电… Ⅱ.①李… Ⅲ.①电工技术-职业技能-鉴定-习题集 Ⅳ.①TM-44

中国版本图书馆 CIP 数据核字（2020）第 191826 号

责任编辑：王听讲　　　　　　　　　　装帧设计：韩　飞
责任校对：宋　夏

出版发行：化学工业出版社（北京市东城区青年湖南街 13 号　邮政编码 100011）
印　　装：北京虎彩文化传播有限公司
787mm×1092mm　1/16　印张 13¼　字数 338 千字　　2025 年 7 月北京第 1 版第 4 次印刷

购书咨询：010-64518888　　　　　　　　售后服务：010-64518899
网　　址：http://www.cip.com.cn
凡购买本书，如有缺损质量问题，本社销售中心负责调换。

定　价：42.00 元

前 言

依据《中华人民共和国劳动法》，为规范从业者的职业行为，引导职业教育培训的正确方向，立足培育工匠精神和精益求精的敬业风气，以适应社会发展和科技进步的需要，人力资源和社会保障部组织有关专家制定了《电工国家职业标准（2018 版）》。为了给职业技能鉴定工作提供参考，我们编写了《电工培训试题集（高级工　技师）》。

本书依据国家人力资源和社会保障部颁布的《电工国家职业标准》编写，包括电工高级工及技师职业技能培训试题集。

电工高级工试题集涵盖：职业道德、基础知识、继电控制电路装调与维修、电气设备装调与维修、自动控制电路装调与维修、应用电子电路装调与维修、交直流传动系统装调与维修七个模块。

电工技师试题集主要内容为：职业道德、基础知识、电气设备装调与维修、自动控制电路装调与维修、应用电子电路装调与维修、交直流传动系统及伺服系统装调与维修、培训与技术管理七个模块。

本试题集是河南化工技师学院 2019 年"河南省高水平中等职业学校和专业建设工程项目——着力提升教学能力"工程建设成果之一，主要有以下几方面特点：

1. 贯彻"考什么，编什么"的原则，满足职业技能鉴定工作的需要；
2. 紧扣《电工国家职业标准（2018 版）》标准，符合职业鉴定考核的要求；
3. 充分考虑我国企业的实际情况，体现目前工厂主流的技术设备水平；
4. 内容呈现方式新颖，知识模块化，方便职业培训和课堂教学使用。

本书由河南化工技师学院李新会担任主编，范似锦担任副主编，郭玉倩、张应金参加编写，赵虹担任主审。

电工是一个综合性的工种，涉的知识面比较宽，需要学习和培训的内容较多，由于编者水平有限，加之时间仓促，书中若有不足之处，欢迎读者提出宝贵意见。

河南化工技师学院
职业技能培训试题库建设项目组
2020 年 9 月

目 录

第一部分

电工高级工试题集

第一模块　职业道德

一、单选题

1. 在市场经济条件下，职业道德具有_____的社会功能。

    A. 鼓励人们自由选择职业　　　　　　　　B. 遏制牟利最大化

    C. 促进人们的行为规范化　　　　　　　　D. 最大限度地克服人们受利益驱动

    答案：C

2. 下列选项中属于职业道德范畴的是_____。

    A. 企业经营业绩　　　　　　　　　　　　B. 企业发展战略

    C. 员工的技术水平　　　　　　　　　　　D. 人们的内心信念

    答案：D

3. 在企业的经营活动中，_____不是职业道德功能的表现。

    A. 激励作用　　　　　B. 决策能力　　　　　C. 遵纪守法　　　　　D. 规范行为

    答案：B

4. 市场经济条件下，职业道德最终将对企业起到_____的作用。

    A. 决策科学化　　　　B. 提高竞争力　　　　C. 决定经济效益　　　D. 决定前途与命运

    答案：B

5. 下列选项中属于企业文化功能的是_____。

    A. 整合功能　　　　　B. 技术培训功能　　　C. 社交功能　　　　　D. 科学研究功能

    答案：B

6. 企业文化的功能不包括_____。

    A. 激励功能　　　　　B. 导向作用　　　　　C. 整合功能　　　　　D. 娱乐功能

    答案：D

7. 职业道德通过_____，起着增强企业凝聚力的作用。

    A. 协调员工之间的关系　　　　　　　　　B. 调节企业与社会的关系

    C. 为员工创造发展空间　　　　　　　　　D. 增加职工福利

    答案：A

8. 下列选项中属于职业道德作用的是_____。

    A. 增强企业的凝聚力　　　　　　　　　　B. 增强企业员工的独立性

    C. 决定企业的经济效益　　　　　　　　　D. 增强企业的承受力

    答案：A

9. 职业道德与人生事业的关系是_____。

    A. 有职业道德的人一定能够获得事业成功　　B. 没有职业道德的人永远不会获得成功

    C. 事业成功的人往往具有较高的职业道德　　D. 缺乏职业道德的人往往更容易获得成功

    答案：C

10. 职业道德是人生事业成功的_____。

　　A. 重要保证　　　　B. 最终结果　　　　C. 决定条件　　　　D. 显著标志

　　答案：A

11. 从业人员在职业活动中做到_____是符合语言规范的具体要求的。

　　A. 言语细致，反复介绍　　　　　　B. 语速要快，不浪费客人时间

　　C. 用尊称，不用忌语　　　　　　　D. 语气严肃，维护自尊

　　答案：C

12. 仪表端庄的具体要求是，从业人员在职业交往活动中_____。

　　A. 应着装华贵　　　　　　　　　　B. 发型要突出个性

　　C. 应饰品俏丽　　　　　　　　　　D. 适当化妆或戴饰品

　　答案：D

13. 企业诚实守信的内在要求是_____。

　　A. 维护企业信誉　　B. 增加职工福利　　C. 注重经济效益　　D. 开展员工培训

　　答案：A

14. 在市场经济条件下，_____不违反职业道德规范中关于诚实守信的要求。

　　A. 通过诚实合法劳动实现利益最大化　　B. 打进对手内部，增强竞争优势

　　C. 根据交往对象来决定是否遵守承诺　　D. 凡有利于增大企业利益的事就做

　　答案：A

15. 坚持办事公道，要努力做到_____。

　　A. 有求必应　　　　B. 公私不分　　　　C. 全面公开　　　　D. 公正公平

　　答案：D

16. 下列关于勤劳节俭的论述中，不正确的是_____。

　　A. 企业可提倡勤劳，但不宜提倡节俭　　B. 勤劳节俭是美德

　　C. 勤劳节俭符合可持续发展的要求　　　D. 节省一元钱，就等于净赚一元钱

　　答案：A

17. 下列关于勤劳节俭的论述中，正确的是_____。

　　A. 勤劳一定能使人致富　　　　　　B. 勤劳节俭有利于企业持续发展

　　C. 新时代需要巧干，不需要勤劳　　D. 新时代需要创造，不需要节俭

　　答案：B

18. 下列关于创新的论述中，错误的是_____。

　　A. 创新需要"标新立异"　　　　　　B. 服务也需要创新

　　C. 创新是企业进步的灵魂　　　　　　D. 引进别人的新技术不算创新

　　答案：D

19. 关于创新的正确论述是_____。

　　A. 不墨守成规，但也不可标新立异　　B. 企业经不起折腾，不能大胆地闯

　　C. 创新是企业发展的动力　　　　　　D. 创新需要灵感，不需要情感

　　答案：C

20. 职业纪律是从事这一职业的员工应该共同遵守的行为准则，它包括的内容有_____。

　　A. 交往规则　　　　B. 操作程序　　　　C. 群众观念　　　　D. 外事纪律

　　答案：D

21. 职业纪律是企业的行为规范，职业纪律具有_____的特点。

A. 明确的规定性　　B. 高度的强制性　　C. 通用性　　D. 自愿性

答案：A

22. 在市场经济条件下，不符合爱岗敬业要求的是_____的观念。

A. 树立职业理想　　　　　　　　　　B. 强化职业责任

C. 干一行爱一行　　　　　　　　　　D. 多转行多跳槽

答案：D

23. 爱岗敬业的具体要求是_____。

A. 看效益决定是否爱岗　　　　　　　B. 转变择业观念

C. 提高职业技能水平　　　　　　　　D. 增强把握择业机遇意识

答案：C

24. 电工安全操作规程包含_____；禁止带电工作；电气设备的各种高低压开关调试时，悬挂标志牌，防止误合闸。

A. 定期检查绝缘　　　　　　　　　　B. 凭经验操作

C. 上班带好雨具　　　　　　　　　　D. 遵守交通规则

答案：A

25. 严格执行安全操作规程的目的是_____。

A. 限制工人的自由活动

B. 企业领导容易管理工人

C. 增强领导的权威性

D. 保证人身和设备安全，以及企业的正常生产

答案：D

26. 下列所描述的事情中属于工作认真负责的是_____。

A. 领导说什么就做什么　　　　　　　B. 下班前做好安全检查

C. 为了提高产量，减少加工工序　　　D. 遇到不能按时上班的情况，请人代签到

答案：B

27. 下列选项中不属于工作认真负责的是_____。

A. 领导说什么就做什么　　　　　　　B. 下班前做好安全检查

C. 上班前做好充分准备　　　　　　　D. 工作中集中注意力

答案：A

28. 在企业生产经营活动中，促进员工之间团结合作的措施是_____。

A. 互利互惠，平均分配　　　　　　　B. 加强交流，平等对话

C. 只要合作，不要竞争　　　　　　　D. 人心叵测，谨慎行事

答案：B

29. 企业员工在生产经营活动中，不符合团结合作要求的是_____。

A. 真诚相待，一视同仁　　　　　　　B. 互相借鉴，取长补短

C. 男女有序，尊卑有别　　　　　　　D. 男女平等，友爱亲善

答案：C

30. 电工的工具种类很多，_____。

A. 只要保管好贵重的工具就行了　　　　B. 价格低的工具丢了无所谓

C. 要分类保管好　　　　　　　　　D. 工作中可随意使用

答案：C

31. 制止损坏企业设备的行为，_____。

A. 只是企业领导的责任

B. 对普通员工没有要求

C. 是每一位领导和员工的责任与义务

D. 不能影响员工之间的关系

答案：C

32. 下列说法中正确的是_____。

A. 上班穿什么衣服是个人的自由

B. 服装价格的高低反映了员工的社会地位

C. 上班时要按规定穿整洁的工作服

D. 女职工应该穿漂亮的衣服上班

答案：C

33. 下列关于职工上班时着装整洁要求的说法中，正确的是_____。

A. 夏天天气炎热时可以只穿背心　　　B. 服装的价格越高越好

C. 服装的价格越低越好　　　　　　　D. 按规定穿工作服

答案：D

34. 不符合文明生产要求的做法是_____。

A. 爱惜企业的设备、工具和材料　　　B. 下班前搞好工作现场的环境卫生

C. 工具使用后按规定放置到工具箱中　D. 水平高的电工可以冒险带电作业

答案：D

35. 下列关于文明生产的说法中，正确的是_____。

A. 为了及时下班，可以直接拉断企业电源总开关

B. 下班时没有必要搞好工作现场的卫生

C. 工具使用后应按规定放置到工具箱中

D. 电工工具不全时，可以冒险带电作业

答案：C

二、多选题

1. 下列选项中不属于职业道德范畴的是_____。

A. 行为规范　　　　B. 操作程序　　　　C. 劳动技能

D. 思维习惯　　　　E. 人们的内心信念

答案：B，C，D

2. 在市场经济条件下，职业道德最终将对企业起到_____的作用。

A. 决策科学化　　　　　　B. 提高竞争力　　　　　C. 决定经济效益

D. 决定前途与命运　　　　E. 促进员工行为的规范化

答案：B，E

3. 下列选项中不属于企业文化功能的是_____。

A. 体育锻炼　　　　B. 整合功能　　　　C. 歌舞娱乐

　　D. 社会交际　　　　　　E. 激励功能

　　答案：A，C，D

4. 下列选项中属于职业道德作用的是_____。

　　A. 增强企业的凝聚力　　　　　　　　B. 协调员工之间的关系

　　C. 决定企业的经济效益　　　　　　　D. 增强企业员工的独立性

　　E. 增强企业的竞争力

　　答案：A，B，E

5. 要做到办事公道，在处理公私关系时，要_____。

　　A. 公私不分　　　　　B. 假公济私　　　　　　C. 公平公正

　　D. 先私后公　　　　　E. 坚持原则

　　答案：C，E

6. 下列关于勤劳节俭的论述中，不正确的是_____。

　　A. 勤劳节俭能够促进经济和社会发展

　　B. 勤劳是现代市场经济需要的，而节俭则不宜提倡

　　C. 勤劳和节俭符合可持续发展的要求

　　D. 勤劳节俭只有利于节省资源，与提高生产效率无关

　　E. 节俭阻碍消费，因而会阻碍市场经济的发展

　　答案：B，D，E

7. 下列关于创新的论述中，不正确的是_____。

　　A. 创新就是出新花样　　　　　　　　B. 服务也需要创新

　　C. 创新是企业进步的灵魂　　　　　　D. 引进别人的新技术不算创新

　　E. 创新需要灵感，不需要情感

　　答案：A，D，E

8. 企业员工违反职业纪律，企业_____。

　　A. 做罚款处罚　　　　B. 必须将其辞退　　　　C. 可视情节轻重，做出恰当处分

　　D. 必须予以重罚　　　E. 对情节轻微的，可以不作行政处分

　　答案：A，C，E

9. 爱岗敬业作为职业道德的重要内容，是指员工_____。

　　A. 热爱自己喜欢的岗位　　B. 树立职业理想　　　　C. 强化职业责任

　　D. 不应多转行　　　　　　E. 应该多学知识多长本领

　　答案：B，C，E

10. 下列描述中属于工作认真负责的是_____。

　　A. 领导说什么就做什么　　　　　　　B. 下班前做好安全检查

　　C. 为了提高产量，减少加工工序　　　D. 上班前做好充分准备

　　E. 工作中集中注意力

　　答案：B，D，E

11. 在企业的活动中，_____不符合平等尊重的要求。

　　A. 根据员工技术专长进行分工　　　　B. 采取一视同仁的服务态度

　　C. 师徒之间要团结合作　　　　　　　D. 取消员工之间的一切差别

　　E. 尊卑有别

答案：D，E

12. 养成爱护企业设备的习惯，_____。

A. 在企业经营困难时，是很有必要的

B. 对提高生产效率是有害的

C. 对于效益好的企业，是没有必要的

D. 是体现职业道德和职业素质的一个重要方面

E. 是每一位领导和员工的责任与义务

答案：D，E

13. 符合着装整洁要求的是_____。

A. 夏天天气炎热时可以只穿背心上班　　B. 服装的价格越高越好

C. 服装的价格越低越好　　D. 按规定穿工作服上班

E. 保持工作服的干净和整洁

答案：D，E

14. 符合文明生产要求的做法是_____。

A. 冒险带电作业

B. 下班前搞好工作现场的环境卫生

C. 工具使用后随意摆放

D. 为了提高生产效率，可以增加工具损坏率

E. 生产任务紧的时候也不允许放松文明生产的要求

答案：B，E

三、判断题

1. 职业道德是一种非强制性的约束机制。

答案：正确

2. 在市场经济条件下，克服利益导向是职业道德社会功能的表现。

答案：错误

3. 企业文化的功能包括娱乐功能。

答案：错误

4. 向企业员工灌输的职业道德太多，容易使员工产生谨小慎微的观念。

答案：错误

5. 职业道德是人们事业成功的重要条件。

答案：正确

6. 在职业活动中，从业人员要求做到仪表端庄、语言规范、举止得体、待人热情。

答案：正确

7. 市场经济条件下，是否遵守承诺并不违反职业道德规范中关于诚实守信的要求。

答案：错误

8. 要做到办事公道，在处理公私关系时，要公私不分。

答案：错误

9. 勤劳节俭虽然有利于省资源，但不能促进企业的发展。

答案：错误

10. 创新既不能墨守成规，也不能标新立异。

　　答案：错误

11. 职业纪律是企业的行为规范，职业纪律具有随意性的特点。

　　答案：错误

12. 职业活动中，每位员工都必须严格执行安全操作规程。

　　答案：正确

13. 工作不分大小，都要认真负责。

　　答案：正确

14. 企业活动中，员工之间要团结合作。

　　答案：正确

15. 电工在维修有故障的设备时，重要部件必须加倍爱护，而像螺钉、螺母等通用件则可以随意放置。

　　答案：正确

16. 企业员工在生产经营活动中，只要着装整洁就行，不一定要穿名贵服装。

　　答案：正确

17. 文明生产是保证人身安全和设备安全的一个重要方面。

　　答案：正确

第二模块 基础知识

一、单选题

1. 电路的作用是实现能量的_____和转换、信号的传递和处理。

    A. 连接   B. 控制   C. 再生   D. 传输

    答案：D

2. 电路一般由电源、_____和中间环节三个基本部分组成。

    A. 电流   B. 电压   C. 负载   D. 电动势

    答案：C

3. 线性电阻与所加电压、流过的_____以及温度无关。

    A. 功率   B. 电能   C. 电流   D. 能量

    答案：C

4. 绝缘材料的电阻受_____、水分、灰尘等影响较大。

    A. 电源   B. 干燥度   C. 材料   D. 温度

    答案：D

5. 部分电路欧姆定律反映了在_____的一段电路中，电流与这段电路两端的电压及电阻的关系。

    A. 含电源   B. 含电源和负载   C. 不含电源   D. 不含电源和负载

    答案：C

6. 全电路欧姆定律指出：电路中的电流由电源_____、内阻和负载电阻决定。

    A. 电动势   B. 电压   C. 电阻   D. 功率

    答案：A

7. _____的方向规定由该点指向参考方向。

    A. 电压   B. 电位   C. 能量   D. 电能

    答案：B

8. 电位是_____，随参考点的改变而改变；电压是绝对量，不随参考点的改变而改变。

    A. 常量   B. 变量   C. 绝对量   D. 相对量

    答案：D

9. 若干电阻_____后的等效电阻，比每个电阻的阻值都大。

    A. △-Y连接   B. 混联   C. 并联   D. 串联

    答案：A

10. 串联电阻的分压作用是阻值越大电压_____。

    A. 越小   B. 越稳定   C. 越大   D. 变化越大

    答案：C

11. 电功率的常用单位有_____。

A. 焦耳   B. 瓦、千瓦、毫瓦   C. 欧姆   D. 伏安

答案：B

12. 电流流过电动机时，电动机将电能转换成_____。

A. 机械能   B. 热能   C. 光能   D. 势能

答案：A

13. 支路电流法是以支路电流为变量，列出节点电流方程及_____方程。

A. 回路电压   B. 电路功率   C. 电路电流   D. 回路电位

答案：A

14. 电容器上标注"104J"，其中 J 的含义为_____。

A. $+-2\%$ B. $+-10\%$ C. $+-5\%$ D. $+-15\%$

答案：C

15. 基尔霍夫定律的_____是绕回路一周电路元件电压变化为零。

A. 回路电压定律   B. 电路功率平衡   C. 电路电流定律   D. 回路电位平衡

答案：A

16. 电容器上标注符号 **2μ2**，表示其容量是_____。

A. $0.2\mu F$ B. $2.2\mu F$ C. $22\mu F$ D. $0.22\mu F$

答案：B

17. 磁动势的单位为_____。

A. Wb   B. A   C. A/m   D. A·m

答案：B

18. 磁感应强度 B 与磁场强度 H 的关系为_____。

A. $H=\mu B$ B. $B=\mu H$ C. $H=\mu B$ D. $B=\mu H$

答案：B

19. 在_____磁力线由 S 极指向 N 极。

A. 磁体外部   B. 磁体内部

C. 磁场两端   D. 磁场一端到另一端

答案：B

20. 把垂直穿过磁场中某一截面的磁力线条数叫作_____。

A. 磁通或磁通量   B. 磁感应强度   C. 磁导率   D. 磁场强度

答案：A

21. 铁磁性质在反复磁化过程中 B-H 关系是_____。

A. 起始磁化曲线   B. 磁滞回线   C. 基本磁化曲线   D. 局部磁滞回线

答案：B

22. 铁磁材料在磁化过程中，外加磁场 H 不断增加，而测得的磁场强度几乎不变的性质称为_____。

A. 磁滞性   B. 剩磁性   C. 高导磁性   D. 磁饱和性

答案：D

23. 穿越线圈回路的磁通变化时，线圈两端就产生_____。

A. 电磁感应   B. 电磁感应强度   C. 磁场   D. 感应电动势

答案：D

24. 当线圈中磁通增加时，感应电流产生的磁通与原磁通_____。

    A. 无任何关系　　　　B. 大小相同　　　　C. 方向相反　　　　D. 方向相同

    答案：C

25. 已知工频正弦电压有效值和初始值均为 **380V**，则该电压的瞬时值表达式为_____。

    A. $u=380\sin314t$　　　　　　　　B. $u=537\sin(314t+45°)$

    C. $u=380\sin(314+90°)$　　　　　　D. $u=380\sin(314t+45°)$

    答案：B

26. 已知 $i_1=10\sin(314t+90°)$，$i_2=10\sin(628t+30°)$，则_____。

    A. i_1 超前 i_2 60°　　B. i_1 滞后 i_2 60°　　C. i_1 滞后 $i_2-60°$　　D. 相位差无法判断

    答案：D

27. 纯电容正弦交流电路中，电压有效值不变，当频率增大时，电路中电流将_____。

    A. 随意变化　　　　B. 减小　　　　C. 不变　　　　D. 增大

    答案：D

28. 在 **RL** 串联电路中，$U_r=16V$，$U_1=12V$，则总电压为_____。

    A. 28V　　　　B. 20V　　　　C. 2V　　　　D. 4V

    答案：B

29. 当 **8.66Ω** 电阻与 5Ω 感抗串联时，电路的功率因数为_____。

    A. 0.5　　　　B. 0.866　　　　C. 1　　　　D. 0.6

    答案：B

30. 按照功率表的工作原理所测的数据是被测电路中的_____。

    A. 有功功率　　　　B. 无功功率　　　　C. 视在功率　　　　D. 瞬时功率

    答案：A

31. 三相对称电路是指_____。

    A. 三相电源对称的电路

    B. 三相负载对称的电路

    C. 三相电源和三相负载都是对称的电路

    D. 三相电源对称和三相负载阻抗相等的电路

    答案：C

32. 三相对称电路的线电压比对应的相电压_____。

    A. 超前 30°　　　　B. 超前 60°　　　　C. 滞后 30°　　　　D. 滞后 60°

    答案：A

32. 一项工程的电气工程图一般由首页、电气系统图、电气原理图、设备布置图、_____、平面图等几部分所组成。

    A. 电网系统图　　　　B. 设备原理图　　　　C. 配电所布置图　　　　D. 安装接线图

    答案：D

33. 电气原理图中所有电气元件的_____，都按照没有通电或没有外力作用时的状态画出。

    A. 线圈　　　　B. 触点　　　　C. 动作机构　　　　D. 反作用弹簧

    答案：B

34. 按照电气元件图形符号和文字符号国家标准，接触器的文字符号应用_____来表示。

    A. KA　　　　B. KM　　　　C. SQ　　　　D. KT

答案：B

二、多选题

1. 电路的作用是实现能量的_____、信号的传递和处理。

    A. 连接   B. 传输   C. 放大   D. 转换   E. 控制

    答案：B，D

2. 温度一定时，金属导线的电阻_____。

    A. 与长度成正比   B. 与截面积成反比   C. 与电压成正比

    D. 与材料的电阻率有关   E. 与电流成反比

    答案：A，B，D

3. 欧姆定律不适合于分析计算_____。

    A. 简单电路   B. 复杂电路   C. 线性电路

    D. 直流电路   E. 非线性电路

    答案：B，E

4. 下列与参考点无关的物理量是_____。

    A. 电压   B. 电流   C. 功率   D. 电能   E. 电位

    答案：A，B，C，D

5. 三个相同电阻_____后的等效电阻比每个电阻的阻值都要大。

    A. 串联   B. 两个并联再串联   C. 并联

    D. 两个串联再并联   E. 短路

    答案：A，B

6. 电功率的常用单位有_____。

    A. 焦耳   B. 安培   C. 欧姆   D. 瓦特   E. 千瓦

    答案：D，E

7. 基尔霍夫电流定律适用于任意_____。

    A. 封闭面   B. 回路   C. 开路点   D. 连接点   E. 节点

    答案：A，D，E

8. 线性有源二端口网络可以等效成_____。

    A. 理想电压源   B. 理想电压源和电阻的串联组合

    C. 理想电流源   D. 理想电流源和电阻的并联组合

    E. 理想电压源和理想电流源的并联组合

    答案：B，D

9. 使用电解电容时要注意_____。

    A. 负极接高电位   B. 正极接高电位   C. 不分正负极

    D. 负极接低电位   E. 耐压等级的大小

    答案：B，D，E

10. 下面不能用作磁动势单位的是_____。

    A. Wb   B. A   C. A/m   D. A·m   E. 安匝

    答案：A，C，D

11. 磁力线的方向是_____。

A. 在磁场外部由 S 极指向 N 极　　　　　　B. 在磁体内部由 S 极指向 N 极

C. 在磁场两端无方向　　　　　　　　　　D. 在磁体外部由 N 极指向 S 极

E. 在磁场中由 S 极指向 N 极

答案：B，D

12. 单位面积上垂直穿过的磁力线数叫作_____。

A. 磁通或磁通量　　　　　　B. 磁导率　　　　　　　　C. 磁感应强度

D. 磁场强度　　　　　　　　E. 磁通密度

答案：C，E

13. 当线圈中的磁通增加时，感应电流产生的磁通与_____。

A. 原磁通成正比　　　　　　B. 原磁通成反比　　　　　　C. 原磁通方向相反

D. 原磁通方向相同　　　　　E. 原磁通相抵消

答案：C，E

14. 正弦交流电的三要素是指_____。

A. 最大值　　　　B. 周期　　　　C. 角频率　　　　D. 初相角　　　E. 有效值

答案：A，C，D

15. 纯电容正弦交流电路中，电压有效值不变，当频率增大时，电路中电流将_____。

A. 增大　　　　　　　　　　B. 减小　　　　　　　　　C. 不变

D. 与频率成正比　　　　　　E. 与频率成反比

答案：A，D

16. 提高供电线路的功率因数，下列说法中正确的是_____。

A. 减少了用电设备中无用的无功功率

B. 可以减少输电线路中的功率损耗

C. 提高了电源设备的容量

D. 可提高电源设备的利用率

E. 减少了用电设备的有功功率

答案：B，D

17. 三相对称电路是指_____。

A. 三相电源对称的电路

B. 三相负载对称的电路

C. 三相电源和三相负载都对称的电路

D. 三相电源对称和三相负载阻抗值相等的电路

E. 三相电源对称和三相负载阻抗一样的电路

答案：C，E

18. 三相对称负载采用 Y 连接时，线电流与相电流的关系为_____。

A. 线电流超前对应的相电流 30°

B. 线电流超前对应的相电流 120°

C. 线电流与相电流相等

D. 线电流是相电流的 3 倍

E. 相电流是线电流的 $\sqrt{3}$ 倍

答案：A，C

19. 变压器是根据电磁感应原理工作的，它能改变_____。

    A. 交流电压的大小   B. 直流电压的大小   C. 阻抗的大小

    D. 交流电流的大小   E. 直流电的方向

    答案：A，C，D

20. 变压器的基本作用是在交流电路中_____。

    A. 进行电气隔离   B. 改变频率   C. 改变电压

    D. 改变磁通   E. 改变阻抗

    答案：A，C，E

21. 变压器的绕组可以分为_____。

    A. 同步式   B. 同心式   C. 交叠式   D. 链式   E. 交叉式

    答案：B，C

22. 三相异步电动机具有_____等优点。

    A. 结构简单   B. 调速性能好   C. 工作可靠   D. 交直流两用   E. 价格低

    答案：A，C，E

23. 三相异步电动机的定子由_____等组成。

    A. 电刷   B. 机座   C. 换向器   D. 铁芯   E. 绕组

    答案：B，D，E

24. 三相异步电动机工作时，其电磁转矩是由_____共同作用产生的。

    A. 定子电流   B. 电源电压   C. 旋转磁场

    D. 转子电压   E. 转子电流

    答案：C，E

25. 下列文字符号表示的低压电器中，用于控制电路的是_____。

    A. QS   B. SQ   C. KT   D. KM   E. SB

    答案：B，C，E

26. 低压断路器具有_____保护作用。

    A. 过流   B. 过载   C. 漏电   D. 过压   E. 位置

    答案：A，B

27. 三相异步电动机的启停控制线路中包含_____。

    A. 时间继电器   B. 速度继电器   C. 熔断器

    D. 电源开关   E. 交流接触器

    答案：C，D，E

28. 工程电气工程图一般由首页、_____等几部分所组成。

    A. 电气系统图   B. 电气原理图   C. 设备布置图

    D. 安装接线图   E. 平面图

    答案：A，B，C，D，E

29. 电气原理图中所有电气元件的触点，都按照_____时的状态画出。

    A. 没有通电   B. 没有外力作用   C. 通电

    D. 受外力作用   E. 设备刚启动

    答案：A，B

30. 按照电气元件图形符号和文字符号国家标准，断电器和接触器的文字符号应分别用

_____来表示。

A. KA B. KM C. FU D. KT E. SB

答案：A，B

三、判断题

1. 电路的作用是实现的能量的传输和转换，信号的传递和处理。
   答案：正确
2. 非金属材料的电阻率随温度升高而下降。
   答案：正确
3. 流过电阻的电流与所加电压成正比，与电阻成反比。
   答案：正确
4. 电压与参考点无关，电位与参考点有关。
   答案：正确
5. 几个元件顺次相连中间没有分支的连接方式为串联。
   答案：错误
6. 电功率是电场力单位时间所做的功。
   答案：正确
7. 基尔霍夫定律包括节点电流定律、回路电压定律，但回路只能是闭合的线路。
   答案：错误
8. 线性有源二端口网络可以等效成理想电压源和电阻的串联组合，也可以等效成理想电流源和电阻的并联组合。
   答案：正确
9. 电容器通直流断交流。
   答案：错误
10. 磁导率表示材料导磁能力的大小。
    答案：正确
11. 两个环形金属外绕线圈，其大小相同，一个是铁的，另一个是铜的，所绕线圈的匝数和通过的电流相等，则两个环中的磁感应强度 B 相等。
    答案：错误
12. 无论何种物质，内部都存在磁体单元。
    答案：错误
13. 通电直导体在磁场中的受力方向可以通过左手定则来判断。
    答案：正确
14. 正弦量可以用相量表示，因此可以说，相量等于正弦量。
    答案：错误
15. 功率表应串接在正弦交流电路中，用来测量电路的视在功率。
    答案：错误
16. 在感性负载两端并联合适的电容器，可以减小电源供给负载的无功功率、频率；振幅和相位均相同的三个交流电压称为对称三相电压。
    答案：正确

17. 三相负载做三角连接时，测得三相电流值相等，三相负载为对称负载。

    答案： 错误

18. 变压器是根据电磁感应原理工作的，它只能改变交流电压，而不能改变直流电压。

    答案： 错误

19. 变压器可以用来改变交流电压、电流、阻抗、相位，以及进行电气隔离。

    答案： 正确

20. 变压器的绕组可以分为壳式和同心式两种。

    答案： 正确

21. 三相异步电动机具有结构简单、价格低廉、工作可靠等优点，但调速性能较差。

    答案： 错误

22. 三相异步电动机的定子由机座、定子绕组、端盖、接线盒组成。

    答案： 正确

23. 三相笼型异步电动机转子绕组中的电流是感应出来的。

    答案： 正确

24. 低压电器的符号在不同的省市有不同的标准。

    答案： 正确

25. 低压断路器具有短路和过载保护作用。

    答案： 正确

26. 三相异步电动机启停控制线路由电源开关、熔断器、热继电器、按钮组成。

    答案： 正确

27. 对于电力技术人员来说，识读电力原理图、安装接线图和立面布置图非常重要。

    答案： 正确

28. 读图的基本步骤有：看图样说明，看主电路图，看安装接线图。

    答案： 错误

29. 二极管由一个 PN 结和两个引脚封装组成。

    答案： 正确

30. 二极管两端加上正向电压就一定会导通。

    答案： 错误

31. 二极管的图像符号表示正片导通时的方向。

    答案： 正确

32. 晶体管可以把小电流放大成大电流。

    答案： 正确

33. 大功率、小功率、高频、低频三极管的图形符号是一样的。

    答案： 正确

34. 放大电路通常工作在小信号状态下，功放电路通常工作在极限状态下。

    答案： 正确

35. 负反馈能改善放大电路的性能指标，但对放大倍数并没有影响。

    答案： 错误

36. 稳压是在电网波动及负载变化时保证负载电压稳定。

    答案： 正确

37. 被测量的测试结果与被测量的实际数值存在的差值称为测量误差。

    答案： 正确

38. 测量电压时要根据电压的大小选择适当量程的电压表，不能使电流超出电流表的最大量程。

    答案： 正确

39. 测量电压时要根据电压大小选择，不能使电压超出电压表的最大量程。

    答案： 正确

40. 万用表主要由指示部分、测量电路、转换装置三部分组成。

    答案： 正确

41. 一般绝缘材料的电阻都在兆欧以上，因此兆欧表标度尺的单位以千欧表示。

    答案： 错误

42. 螺钉旋具是维修电工最常用的工具之一。

    答案： 正确

43. 钢丝钳（电工钳子）的主要功能是拧螺钉。

    答案： 错误

44. 扳手的主要功能是拧螺栓和螺母。

    答案： 正确

45. 喷灯是一种利用燃烧对工件进行加工的工具，常用于锡焊。

    答案： 错误

46. 选用量具时，不能用千分尺测量粗糙的表面。

    答案： 正确

47. 导线可分为裸导线和绝缘导线两大类。

    答案： 正确

48. 裸导线一般用于室外架空线。

    答案： 正确

49. 常用的绝缘材料，包括气体绝缘材料、液体绝缘材料和固体绝缘材料。

    答案： 正确

50. 选用绝缘材料时应该从电流大小、磁场强弱、气压高低等方面来进行考虑。

    答案： 错误

51. 双极性三极管的集电极和发射极类型相同，因此可以互换使用。

    答案： 错误

第三模块　继电控制电路装调与维修

一、单选题

1. 测绘 T68 镗床电气位置图时，重点要画出两台电动机、_____、按钮、行程开关，以及电气箱的具体位置。

　　A. 接触器　　　　　　B. 熔断器　　　　　　C. 热继电器　　　　　　D. 电源总开关

　　答案：D

2. 在机床控制线路中，电动机的基本控制线路主要有启动、运行及_____。

　　A. 自动控制线路　　　B. 手动控制线路　　　C. 制动控制线路　　　D. 联动控制线路

　　答案：C

3. 机床电气控制系统中，交流异步电动机控制常用的保护环节有短路、过电流零电压及_____。

　　A. 弱磁保护　　　　　B. 过电压保护　　　　C. 零电流保护　　　　D. 欠电压保护

　　答案：D

4. 阅读分析电气原理图应从_____入手。

　　A. 分析控制电路　　　　　　　　　　　B. 分析主电路

　　C. 分析辅助电路　　　　　　　　　　　D. 分析联锁和保护环节

　　答案：A

5. X62W 铣床工作台在左右进给运动时，十字键用作手柄时，必须置于_____，以解除工作台横向进给、纵向进给和上下移动之间互锁。

　　A. 左边位置　　　　　B. 左边或右边位置　　C. 中间零位　　　　　D. 向上位置

　　答案：C

6. 工作台各方向都不能进给时，应先检查工作台控制开关是否在_____，然后再检查控制回路电压是否正常。

　　A."接通"位置　　　　B."断开"位置　　　　C. 中间零位　　　　　D. 任意位置

　　答案：A

7. T68 镗床所具备的运动方式有_____、进给运动、辅助运动。

　　A. 主运动　　　　　　　　　　　　　　B. 花盘的旋转运动

　　C. 后立柱的水平移动　　　　　　　　　D. 尾架的垂直移动

　　答案：A

8. T68 镗床主轴电动机在高速运行时，电动机为_____形连接。

　　A. △　　　　　　　　B. △△　　　　　　　C. Y　　　　　　　　　D. YY

　　答案：D

9. T68 镗床主轴电动机只有低速挡，没有高速挡时，常见的故障原因有时间继电器 KT 不动作，或因行程开关 SQ2 安装的位置移动造成的 SQ2 处于_____的状态。

A. 始终接通　　　　B. 始终断开　　　　C. 不能切换　　　　D. 中间位置

答案：B

10. 20t/5t 起重机电气控制线路中的主钩电动机，由_____配合磁力控制屏来实现控制。

A. 凸轮控制器　　　B. 主令控制器　　　C. 交流保护控制柜　　D. 主钩制动电磁铁

答案：B

11. 20t/5t 起重机主钩既不能上升又不能下降的原因，主要有欠电压继电器 KV 不吸合、_____、主令控制器触点接触不良、电磁铁线圈开路未松闸等。

A. KV 线圈断路　　　　　　　　　　　B. 主令控制器零点联锁触点未闭合

C. 欠电压继电器自锁触点未接通　　　　D. 主令制动电磁铁线圈始终得电

答案：C

12. 电气控制线路图测绘的一般步骤是_____，先画电气布置图，再画电气接线图，最后画出电气原理图。

A. 准备图纸　　　B. 准备仪表　　　C. 准备工具　　　D. 设备停电

答案：D

13. 电气控制线路图测绘的方法是：先画主电路，再画控制电路；先画输入端，再画输出端；先画主干线，再画各支路；_____。

A. 先简单后复杂　　B. 先复杂后简单　　C. 先电气后机械　　D. 先机械后电气

答案：A

14. 电气控制线路测绘前要检验被测设备是否有电，不能_____。

A. 切断直流电　　　B. 切断照明灯电路　　C. 关闭电源指示灯　　D. 带电作业

答案：D

15. 电气控制线路测绘时要避免大拆大卸，对去掉的线头要_____。

A. 保管好　　　B. 做好记号　　　C. 用新线接上　　　D. 安全接地

答案：B

16. 测绘 T68 镗床电气控制位置图时，重点要画出两台电动机、电源总开关、按钮、行程开关，以及_____的具体位置。

A. 电气箱　　　B. 接触器　　　C. 熔断器　　　D. 热继电器

答案：A

17. 分析 T68 镗床电气控制主电路原理图时，首先要看懂主轴电动机 M1 的_____和高低速切换电路，然后再看快速移动电动机 M2 的正反转电路。

A. Y-△启动电路　　B. 能耗制动电路　　C. 降压启动电路　　D. 正反转电路

答案：D

18. 分析 T68 镗床电气控制主电路图时，重点是_____的正反转和高低速转换电路。

A. 主轴电动机 M1　　　　　　　　　　B. 快速移动电动机 M2

C. 油泵电动机 M3　　　　　　　　　　D. 尾架电动机 M4

答案：A

19. 测绘 T68 镗床电气控制主电路图时，要画出电源开关 QS、熔断器 FU1 和 FU2、接触器 KM1～KM7、热继电器 FR、_____等。

A. 电动机 M1 和 M2　　　　　　　　　B. 按钮 SB1～SB5

C. 行程开关 SQ1～SQ8　　　　　　　　D. 中间继电器 KA1 和 KA2

答案：A

20. 测绘 T68 镗床电气线路的控制电路图时，要正确画出控制变压器 TC、按钮 SB1～SB5、行程开关 SQ1～SQ8、中间继电器 KA1 和 KA2、速度继电器 KS、_____等。

　　A. 电动机 M1 和 M2　　B. 熔断器 FU1 和 FU2　C. 电源开关 QS　　　　D. 时间继电器 KT

答案：D

21. 测绘 X62W 铣床电气控制位置图时，要画出电源开关、电动机、按钮、行程开关、_____等，在机床中的具体位置。

　　A. 电气箱　　　　　　B. 接触器　　　　　　C. 熔断器　　　　　　D. 热继电器

答案：A

22. 分析 X62W 铣床主电路工作原理图时，首先要看懂主轴电动机 M1 的_____、制动及冲动电路，然后再看进给电动机 M2 的正反转电路，最后看冷却泵电动机 M3 的电路。

　　A. Y-△启动电路　　B. 能耗制动电路　　C. 降压启动电路　　D. 正反转电路

答案：D

23. 测绘 X62W 铣床电气控制主电路图时，要画出_____、熔断器 FU1、接触器 KM1～KM6、热继电器 FR1～FR3、电动机 MI～M3 等。

　　A. 按钮 SB1～SB6　　　　　　　　　　B. 行程开关 SQ1～SQ7

　　C. 转换开关 SA1～SA2　　　　　　　　D. 电源开关 QS

答案：D

24. 测绘 X62W 铣床电气线路控制电路图时，要画出控制变压器 TC、按钮 SB1～SB6、行程开关 SQ1～SQ7、速度继电器 KS、_____、热继电器 FR1～FR3 等。

　　A. 电动机 M1～M3　　　　　　　　　　B. 熔断器 FU1

　　C. 电源开关 QS　　　　　　　　　　　D. 转换开关 SA1～SA3

答案：D

25. 20t/5t 桥式起重机的主电路，包括电源开关 QS、交流接触器 KM1～KM4、凸轮控制器 SA1～SA3、电动机 M1～M5、_____、电阻器 1R～5R、过电流继电器等。

　　A. 电磁制动器 YB1～YB6　　　　　　　B. 限位开关 SQ1～SQ4

　　C. 欠电压继电器 KV　　　　　　　　　D. 熔断器 FU2

答案：A

26. 20t/5t 桥式起重机电气线路的控制电路，包括主令控制器 SA4、SB，以及过电流继电器 KC1～KC5、限位开关 SQ1～SQ4、_____等。

　　A. 电动机 M1～M5　　　　　　　　　　B. 电磁制动器 YB1

　　C. 电阻器 1R～5R　　　　　　　　　　D. 欠电压继电器 KV

答案：D

27. 20t/5t 桥式起重机的小车电动机，可以由凸轮控制器实现_____控制。

　　A. 启停和调速　　B. 减压启动　　　C. 能耗制动　　　D. 回馈制动

答案：A

28. 20t/5t 桥式起重机的主钩电动机，一般用_____实现正反转控制。

　　A. 断路器　　　　B. 凸轮控制器　　C. 频敏变阻器　　D. 接触器

答案：D

29. 20t/5t 桥式起重机的主钩电动机，选用了具有_____的交流电动机。

A. 绕线转子　　　　　B. 鼠笼转子　　　　　C. 双鼠笼转子　　　　　D. 换向器

答案：A

30. 20t/5t 桥式起重机的保护电路，由_____、过电流继电器 KC1～KC5、欠电压继电器 KV、熔断器 FU1～FU2、限位开关 SQ1～SQ4 等组成。

A. 紧急开关 QS4　　　　　　　　　　B. 电阻器 1R～5R

C. 热继电器 FR1～FR5　　　　　　　D. 接触器 KM1～KM2

答案：A

31. 20t/5t 桥式起重机的主接触器 KM 吸合后，过电流继电器立即动作的原因可能是_____。

A. 电阻器 1R～5R 的初始值过大　　　B. 热继电器 FRI～FRS 额定值过小

C. 熔断器 FU1～FU2 太粗　　　　　　D. 凸轮控制器 SA1～SA3 电路接地

答案：D

二、多选题

1. 机床控制线路中电动机的基本控制线路主要有_____。

A. 启动控制线路　　　　B. 运行控制线路　　　　C. 制动控制线路

D. 手动控制线路　　　　E. 自动控制线路

答案：A，B，C

2. 机床电气控制线系统中交流异步电动机控制常用的保护环节有_____。

A. 短路保护　　　　　B. 过电流保护　　　　　C. 零电压保护

D. 欠电压保护　　　　E. 弱磁保护

答案：A，B，C，D

3. X62W 铣床工作台左右进给运动时，十字键用作手柄必须置于中间零位，以解除工作台_____之间的互锁。

A. 横向进给　　　　　B. 纵向进给　　　　　C. 上下移动

D. 圆工作台旋转　　　E. 主轴旋转

答案：A，B，C

4. 圆工作台控制开关在"接通"位置时，会出现_____等情况。

A. 工作台左右不能进给　　B. 工作台前后不能进给　　C. 工作台上下不能进给

D. 圆工作台不能旋转　　　E. 主轴不能旋转

答案：A，B，C

5. T68 镗床所具备的运动方式有_____。

A. 主运动　　　　　　　B. 进给运动　　　　　　C. 后立柱的水平移动

D. 工作台旋转运动　　　E. 尾架的垂直移动

答案：A，B，C，D，E

6. T68 镗床主轴电动机在低速及高速运行时，电动机分别为_____形连接。

A. △　　　　　B. △△　　　　　C. Y　　　　　D. YY　　　　E. Y-YY

答案：A，D

7. T68 镗床主轴电动机只有低速挡，没有高速挡时，常见的故障原因有_____等。

A. 时间继电器 KT 不动作

B. 行程开关 SQ2 安装的位置移动造成的 SQ2 处于始终断开的状态

C. 行程开关 SQ2 安装的位置移动造成的 SQ2 处于始终接通的状态

D. 时间继电器 KT 的延时常开触点损坏使接触器 KM5 不能吸合

E. 时间继电器 KT 的延时常闭触点损坏使接触器 KM4 不能吸合

答案：A，B

8. 20t/5t 起重机电气控制线路中的主钩电动机由_____来实现控制。

A. 凸轮控制器　　　　　B. 主令控制器　　　　　C. 交流保护控制柜

D. 配合磁力控制屏　　　E. 主钩制动电磁铁

答案：B，C，D，E

9. 20t/5t 起重机主钩既不能上升又不能下降的原因主要有_____等。

A. 欠电压继电器 KV 线圈断路

B. 主令控制器零点连锁触点未闭合

C. 欠电压继电器自锁触点未接通

D. 主令制动电磁铁线圈始终得电

E. 制动电磁铁线圈开路未松闸

答案：A，B，C

10. 测绘 X62W 铁床电气线路的控制电路图时，要画出控制变压器 TC 按钮 SB1～SB6、行程开关 SQ1～SQ7、_____、热继电器 FR1～FR3 等。

A. 电动机 M1～M3　　　　　B. 熔断器 FU1

C. 电源开关 QS　　　　　　D. 转换开关 SA1～SA3

E. 速度继电器 KS

答案：D，E

11. 20t/5t 桥式起重机的主电路包括电源开关 QS、交流接触 KM1～KM4、_____、电阻器 1R～5R、过电流继电器等。

A. 电磁制动器 YB1～YB6　　　B. 限位开关 SQ1～SQ4

C. 欠电压继电器 KV　　　　　D. 电动机 M1～M5

E. 凸轮控制器 SA1～SA3

答案：A，D，E

12. 20t/5t 桥式起重机的小车电动机，可以由凸轮控制器实现_____控制。

A. 启动和停止　　B. 减压启动　　C. 能耗制动　　D. 回馈制动　　E. 调速

答案：A，E

13. 20t/5t 桥式起重机的主钩电动机一般不用_____实现调速控制。

A. 断路器　　　B. 接触器　　　C. 凸轮控制器　　D. 热继电器　　　E. 熔断器

答案：A，D，E

14. 20t/5t 桥式起重机的保护电路由_____、限位开关 SQ1～SQ4 等组成。

A. 紧急开关 QS4　　　　　　B. 熔断器 FU1 和 FU2

C. 欠电压继电器 KV　　　　　D. 过电流继电器 KC1～KC5

E. 接触器 KM1～KM2

答案：A，B，C，D

15. 20t/5t 桥式起重机的主接触器 KM 吸合后，过电流继电器立即动作的原因可能是_____。

A. 电阻器 1R 和 5R 的初始值过大　　　　B. 热继电器 FR1～FR5 额定值过小

C. 熔断器 FU1 和 FU2 太粗　　　　　　　D. 凸轮控制器 SA1～SA3 电路接地

E. 电动机 M1～M4 绕组接地

答案：D，E

16. X62W 铣床的主电路由电源总开关 QS、熔断器 FU1、接触器 KM1～KM6、热继电器 FR1～FR3、_____等组成。

A. 快速移动电磁铁 YA　　B. 位置开关 SQ1～SQ7　　C. 速度继电器 KS

D. 按钮 SB1～SB6　　　　E. 电动机 M1～M3

答案：A，E

17. X62W 铣床电［线路的控制电路由控制变压器 TC、熔断器 FU2 和 FU3、按钮 SB1、位置开关 SQ1～SQ7、_____、热继电器 FR1～FR3 等组成。

A. 快速移动电磁铁 YA　　B. 电动机 M1～M3　　　C. 转换开关 SA1～SA3

D. 电源总开关 QS　　　　E. 速度继电器 KS

答案：D，E

18. X62W 铣床的主轴电动机 M1 没有采用_____启动方法。

A. 全压　　　B. 定子减压　　　C. Y-△　　　D. 变频　　　E. 自耦变压器

答案：B，C，D，E

19. X62W 铣床进给电动机 M2 的左右（纵向）操作手柄有_____三个位置。

A. 快　　　　B. 慢　　　　C. 左　　　　D. 中　　　　E. 右

答案：C，D，E

20. X62W 铣床使用圆形工作台时，必须把_____置于中间位置。

A. 左右操作手柄　　　　B. 纵向操作手柄　　　　C. 前后操作手柄

D. 启动操作手柄　　　　E. 升降操作手柄

答案：A，B

21. X62W 铣床的三台电动机不能使用_____实现过载保护。

A. 熔断器　　　　　　　B. 过电流继电器　　　　C. 速度继电器

D. 热继电器　　　　　　E. 时间继电器

答案：A，B，C，E

22. X62W 铣床主轴电动机不能启动的原因可能是_____。

A. 三相电源缺相　　　　B. 控制变压器无输出　　　C. 速度继电器损坏

D. 快速移动电磁铁损坏　E. 热继电器动作后没有复位

答案：A，B，E

23. T68 镗床电气控制主电路由电源开关 QS、熔断器 FU1 和 FU2、_____等组成。

A. 速度继电器 KS　　　　B. 行程开关 SQ1～SQ8　　C. 接触器 KM1～KM7

D. 热继电器 FR　　　　　E. 电动机 M1 和 M2

答案：C，D，E

24. 20t/5t 桥式起重机电气线路的控制电路包括主令控制器 SA4、紧急开关 QS4、启动按钮 SB、过电流继电器 KC1～KC5、_____等。

A. 电动机 M1～M5　　　　B. 电磁制动器 YB1～YB6　　C. 电阻器 1R～5R

D. 欠电压继电器 KV   E. 限位开关 SQ1～SQ4

答案：D，E

25. T68 镗床的主轴电动机不采用_____启动方法。

A. 自耦变压器   B. Y-△   C. 定子串电阻   D. 全压   E. 软

答案：A，B，C，E

26. T68 镗床的主轴电动机不能使用_____实现过载保护。

A. 熔断器   B. 时间继电器   C. 速度继电器

D. 热继电器   E. 过电压继电器

答案：A，B，C，E

27. 若 T68 镗床的行程开关 SQ 安装调整不当，会使主轴转速比标牌_____。

A. 高两倍   B. 高一点   C. 高一倍   D. 低一点   E. 低一半

答案：C，E

28. T68 镗床电气线路的控制电路由控制变压器 TC、按钮 SB1～SB5、行程开关 SQ1～SQ8、中间继电器 KA1 和 KA2、_____等组成。

A. 时间继电器 KT   B. 电动机 M1 和 M2   C. 制动电阻 R

D. 电源开关 QS   E. 速度继电器 KS

答案：A，E

三、判断题

1. 一项工程的电气工程图一般由首页、电气系统图及电气原理图组成。

    答案：错误

2. 电气原理图中所有电气的触点，都按照没通电或没有外力作用时的状态画出。

    答案：正确

3. 按照电气元件图形符号和文字符号国家标准，接触器的文字符号应用 KM 来表示。

    答案：正确

4. 电路中触头的串联关系可用逻辑与，即逻辑乘（·）关系表达；触头的并联关系可用逻辑或，即逻辑加（＋）的关系表达。

    答案：正确

5. 测绘 T68 镗床电气布置图时，要画出两台电动机在机床中的具体位置。

    答案：错误

6. 机床控制线路中电动机的基本控制线路主要有启动、运行及制动控制线路。

    答案：正确

7. 机床电气控制系统中交流异步电动机控制常用的保护环节有短路、过电流、零电压及欠电压保护。

    答案：正确

8. 阅读分析电气原理图应从分析控制电路入手。

    答案：正确

9. X62W 铣床工作台做左右进给运动时，十字操作手柄必须置于中间零位，以解除工作台横向进给、纵向进给和上下移动之间的互锁。

    答案：正确

10. 工作台各方向都不能进给时，应先检查圆工作台控制开关是否在"接通"位置，然后再检查控制回路电压是否正常。

　　答案： 正确

11. T68 镗床所具备的运动方式有主运动、进给运动、辅助运动。

　　答案： 正确

12. T68 镗床主轴电动机在高速运行时，电动机为 YY 形连接。

　　答案： 正确

13. T68 镗床主轴电动机只有低速挡，没有高速挡时，常见的故障原因有时间继电器 KT 不动作或行程开关 SQ2 安装的位置移动造成的 SQ2 处于始终断开的状态。

　　答案： 正确

14. 20t/5t 起重机电气控制线路中的主钩电动机，由凸轮控制器配合磁力控制屏来实现控制。

　　答案： 错误

15. 20t/5t 起重机主钩既不能上升又不能下降的原因，主要有欠电压继电器 KV 不吸合、欠电压继电器自锁触点未接通、主令控制器触点接触不良、电磁铁线圈开路未松闸等。

　　答案： 正确

16. 电气线路测绘前先要了解测绘的正确对象、控制过程、布线规律，然后再准备工具、仪表等。

　　答案： 正确

17. 电气线路测绘前要检验被测设备是否有电，不能带电作业。

　　答案： 正确

18. 测绘 T68 镗床电气布置图时，要画出电动机以及变压器、继电器在机床中的具体位置。

　　答案： 错误

19. 分析 T68 镗床电气线路的控制电路原理图时，重点是快速移动电动机 M2 的控制。

　　答案： 错误

20. 测绘 T68 镗床电气控制主电路图时，要正确画出电源开关 QS、熔断器 FU1 和 FU2、接触器 KM1～KM7、热继电器 FR、电动机 M1 和 M2 等。

　　答案： 正确

21. 测绘 T68 镗床电气线路的控制电路图时，要正确画出控制变压器 TC、按钮 SB1～SB5、行程开关 SQ1～SQ8、中间继电器 KA1 和 KA2、速度继电器 KS、时间继电器 KT 等。

　　答案： 正确

22. 测绘 X62W 铣床电气控制位置图时，要画出电动机、按钮、接触器等在机床中的具体位置。

　　答案： 错误

23. 分析 X62W 铣床电气控制主电路工作原理时，重点是主轴电动机 M1 的正反转、制动及冲动，进给电动机 M2 的正反转，冷却泵电动机 M3 的启停控制过程。

　　答案： 正确

24. 测绘 X62W 铣床电气控制主电路图时，要画出电源开关 QS、熔断器 FU1、接触器 KM1～KM6、热继电器 FR1～FR3、按钮 SB1～SB6 等。

　　答案： 错误

25. 测绘 X62W 铣床电气线路控制电路图时，要画出控制变压器 TC、按钮 SB1～SB6、行程开关 SQ1～SQ7、速度继电器 KS、转换开关 SA1～SA3、热继电器 FR1～FR3 等。

答案： 正确

26. 20t/5t 桥式起重机的主电路包括电源开关 QS、交流接触器 KM1～KM4、凸轮控制器 SA4、电动机 M1～M5、限位开关 SQ1～SQ4 等。

答案： 错误

27. 20t/5t 桥式起重机电气线路的控制电路包括主令控制器 SA4、紧急开关 QS4、启动按钮 SB、过电流继电器 KC1～KC5、限位开关 SQ1～SQ4、欠电压继电器 KV 等。

答案： 正确

28. 20t/5t 桥式起重机的小车电动机都是由接触器实现正反转控制的。

答案： 错误

29. 20t/5t 桥式起重机的主钩电动机都是由凸轮控制器实现正反转控制的。

答案： 错误

30. 20t/5t 桥式起重机的保护电路由紧急开关 QS4、过电流继电器 KC1～KC5、欠电压继电器 KV、熔断器 FU1～FU2、限位开关 SQ1～SQ4 等组成。

答案： 正确

31. 20t/5t 桥式起重机合上电源总开关 QS1，并按下启动按钮 SB 后，主接触器 KM 不吸合的唯一原因是各凸轮控制器的手柄不在零位。

答案： 错误

32. X62W 铣床的主电路由电源总开关 QS、熔断器 FU1、接触器 KM1～KM6、热继电器 FR1～FR3、电动机 M1～M3、快速移动电磁铁 YA 等组成。

答案： 正确

33. X62W 铣床电气线路的控制电路由控制变压器 TC、熔断器 FU1、按钮 SB1～SB6、位置开关 SQ1～SQ7、速度继电器 KS、电动机 M1～M3 等组成。

答案： 错误

34. X62W 铣床的主轴电动机 M1 采用了全压启动方法。

答案： 正确

35. X62W 铣床的主轴电动机 M1 采用了反接制动的停车方法。

答案： 正确

36. X62W 铣床进给电动机 M2 的冲动控制是由位置开关 SQ7 接通反转接触器 KM2 一下。

答案： 错误

37. X62W 铣床进给电动机 M2 的前后（横向）和升降十字操作手柄有上、中、下三个位置。

答案： 错误

38. X62W 铣床的回转控制只能用于圆工作台的场合。

答案： 正确

第四模块　电气设备装调与维修

一、单选题

1. 变频器与电动机之间接线最大距离是_____。
A. 20m
B. 300m
C. 任意长度
D. 不能超过变频器允许的最大布线距离
答案：D

2. 通用变频器安装接线完成后，诵电调试前检查接线过程中，接线错误的是_____。
A. 交流电源进线接到变频器电源输入端子
B. 交流电源进线接到变频器输出端子
C. 变频器与电动机之间接线未超过变频器允许的最大布线距离
D. 在工频与变频相互转换的应用中有电气互锁
答案：B

3. 变频器试运行中如果电动机的旋转方向不正确，则应调换_____，使电动机的旋转方向正确。
A. 变频器输出端 U、V、W 与电动机的连接线相序
B. 交流电源进线 L1、L2、L3（R、S、T）的相序
C. 交流电源进线 L1、L2、L3（R、S、T）和变频器输出端 U、V、W 与电动机的连接线相序
D. 交流电源进线 L1、L2、L3（R、S、T）的相序或变频器输出端 U、V、W 与电动机的连接线相序
答案：A

4. 通用变频器安装时，应_____，以便于散热。
A. 水平安装
B. 垂直安装
C. 任意安装
D. 水平或垂直安装
答案：B

5. 变频器的交流电源输入端子 L1、L2、L3（R、S、T）接线时，_____，否则将影响电动机的旋转方向。
A. 应考虑相序
B. 按正确相序接线
C. 不需要考虑相序
D. 必须按正确相序接线
答案：C

6. 通用变频器大部分参数（功能码）必须在_____下设置。
A. 变频器 RUN 状态
B. 变频器运行状态
C. 变频器停止运行状态
D. 变频器运行状态或停止运行状态
答案：C

7. 变频器所采用的制动方式一般有能耗制动、回馈制动、_____等几种。

A. 失电制动　　　　　B. 失速制动　　　　　C. 交流制动　　　　　D. 直流制动

答案：D

8. 通用变频器的保护功能有很多，通常有过电压保护、过电流保护及_____等。

A. 电网电压保护　　　B. 间接保护　　　　　C. 直接保护　　　　　D. 防失速功能保护

答案：D

9. 选择通用变频器容量时，_____是反映变频器负载能力最关键的参数。

A. 变频器的额定容量　　　　　　　　　B. 变频器额定输出电流

C. 最大适配电动机的容量　　　　　　　D. 变频器额定电压

答案：C

10. 通用变频器的逆变电路中功率开关管现在一般采用_____模块。

A. 晶闸管　　　　　　B. MOSFET　　　　　C. GTR　　　　　　　D. IGBT

答案：D

11. 普通变频器的电压级别分别为_____。

A. 100V 级与 200V 级　　　　　　　　B. 200V 级与 400V 级

C. 400V 级与 600V 级　　　　　　　　D. 600V 级与 800V 级

答案：B

12. 变频器所允许的过载电流以_____来表示。

A. 额定电流的百分数　　　　　　　　　B. 额定电压的百分数

C. 导线的截面积　　　　　　　　　　　D. 额定输出功率的百分数

答案：A

13. 变频调速所用的 VVVF 型变频器具有_____功能。

A. 调压　　　　　　　B. 调频　　　　　　　C. 调压与调频　　　　D. 调功率

答案：C

14. 变频调速中交-直-交变频器一般由_____组成。

A. 整流器、滤波器、逆变器　　　　　　B. 放大器、滤波器、逆变器

C. 整流器、滤波器　　　　　　　　　　D. 逆变器

答案：A

15. 变频调速系统中对输出电压的控制方式一般可分为 PWM 控制与_____。

A. PFM 控制　　　　　B. PAM 控制　　　　　C. PLM 控制　　　　　D. PRM 控制

答案：B

16. 变频调速系统在基频以下一般采用_____的控制方式。

A. 恒磁通调速　　　　B. 恒功率调速　　　　C. 变阻调速　　　　　D. 调压调速

答案：A

17. 交-直-交变频器按输出电压调节方式不同，可分为 PAM 与_____类型。

A. PYM　　　　　　　B. PFM　　　　　　　C. PLM　　　　　　　D. PWM

答案：D

18. 变频器过载故障的原因可能是_____。

A. 加速时间设置太短、电网电压太高　　B. 加速时间设置太短、电网电压太低

C. 加速时间设置太长、电网电压太高　　D. 加速时间设置太长、电网电压太低

答案：B

19. 变频器运行时过载报警，电动机不过热，原因可能是_____。

A. 变频器过载整定值不合理、电动机过载

B. 电源三相不平衡、变频器过载整定值不合理

C. 电动机过载、电源三相不平衡

D. 电网电压过高、电源三相不平衡

答案：B

20. 若电动机停车要求精确定位，防止爬行，变频器应采用_____的方式。

A. 能耗制动加直流制动　　　　　　　　B. 能耗制动

C. 直流制动　　　　　　　　　　　　　D. 回馈制动

答案：A

21. 设置变频器的电动机参数时，要与电动机铭牌数据_____。

A. 完全一致　　　　B. 基本一致　　　　C. 完全不同　　　　D. 选项 A 或 B

答案：A

22. 变频器启停方式有：面板控制、外部端子控制、通信端口控制。当与 PLC 配合组成远程网络时，主要采用_____方式。

A. 面板控制　　　　B. 外部端子控制　　　　C. 通信端口控制　　　　D. 脉冲控制

答案：C

23. 西门子 MM420 变频器 P3900＝2 表示结束快速调试，_____。

A. 不进行电动机计算

B. 电动机计算和复位为工厂值

C. 进行电动机计算和 I/O 复位

D. 进行电动机计算，但不进行 I/O 复位

答案：C

24. 变频器一上电就过电流故障报警并跳闸，原因不可能是_____。

A. 变频器主电路有短路故障　　　　　　B. 电动机有短路故障

C. 安装时有短路问题　　　　　　　　　D. 电动机参数设置问题

答案：D

25. 变频器按照直流电源的性质分类有：_____。

A. 平方转矩变频器　　　　　　　　　　B. 电流型变频器

C. 高性能专用变频器　　　　　　　　　D. 交直交变频器

答案：B

26. 变频器是一种_____设置。

A. 驱动直流电机　　　　B. 电源变换　　　　C. 滤波　　　　D. 驱动步进电机

答案：B

27. 旋转门的变频器控制常用于接收信号的器件是_____。

A. 压力传感器　　　　B. PID 控制器　　　　C. 压力变送器　　　　D. 接近传感器

答案：D

28. 对电动机从基本频率向上的变频调速属于_____调速。

A. 恒功率　　　　B. 恒转矩　　　　C. 恒磁通　　　　D. 恒转差率

答案：A

29. 下列_____制动方式不适用于变频调速系统。

    A. 直流制动   B. 回馈制动   C. 反接制动   D. 能耗制动

    答案：C

30. 变频器的调压调频过程是通过控制_____进行的。

    A. 载波   B. 调制波   C. 输入电压   D. 输入电流

    答案：B

二、多选题

1. PWM 型变频器具有_____等特点。

    A. 主电路只有一组可控的功率环节，简化了结构

    B. 逆变器同时实现调频与调压

    C. 可获得接近于正弦波的输出电压波形，转矩脉动小

    D. 载波频率高，使电动机可实现静音运转

    E. 采用二极管整流器，提高电网功率因数

    答案：A，B，C，D，E

2. SPWM 逆变器可同时实现_____。

    A. 调电压   B. 调电流   C. 调频率   D. 调功率   E. 调相位

    答案：A，C

3. SPWM 变频器输出基波电压的大小和频率均由参考信号（调制波）来控制，具体来说，_____。

    A. 改变参考信号幅值，可改变输出基波电压的大小

    B. 改变参考信号频率，可改变输出基波电压的频率

    C. 改变参考信号幅值与频率，可改变输出基波电压的大小

    D. 改变参考信号幅值与频率，可改变输出基波电压的频率

    E. 改变参考信号幅值，可改变输出基波电压的大小与频率

    答案：A，B

4. SPWM 型逆变器的调制方式有_____等。

    A. 同步调制   B. 同期调制   C. 直接调制   D. 异步调制   E. 间接调制

    答案：A，D

5. 通用变频器一般由_____等部分组成。

    A. 整流电路   B. 逆变电路   C. 滤波电路

    D. 控制电路   E. 无功补偿电容器

    答案：A，B，C

6. 通用变频器的额定输出包括_____等方面的内容。

    A. 额定输出电流   B. 最大输出电流   C. 允许的时间

    D. 额定输出容量   E. 最大输出容量

    答案：A，D

7. 通用变频器所允许的过载电流以_____来表示。

    A. 额定电流的百分数   B. 最大电流的百分数   C. 允许的时间

    D. 额定输出功率的百分数   E. 额定的时间

答案：A，C

8. 通用变频器的电气制动方式一般有_____等几种。

A. 失电制动　　　B. 能耗制动　　　C. 直流制动　　　　D. 回馈制动　　　　E. 直接制动

答案：B，C，D

9. 通用变频器的频率给定方式有_____等。

A. 数字面板给定方式　　　B. 模拟量给定方式　　　C. 多段速（固定频率）给定方式

D. 通信给定方式　　　E. 直接给定方式

答案：A，B，C，D

10. 通用变频器的保护功能有很多，通常有_____等。

A. 欠电压保护　　　　B. 过电压保护　　　　C. 过电流保护

D. 防失速功能保护　　　E. 直接保护

答案：A，B，C，D

11. 通用变频器容量选择由很多因素决定，如_____。

A. 电动机容量　　　　B. 电动机额定电流　　　C. 电动机额定电压

D. 加速时间　　　E. 运行时间

答案：A，B，C，D

12. 通用变频器设置场所应注意_____等。

A. 避免受潮、无水浸　　　B. 无易燃、易爆气体　　　C. 便于对变频器进行检查和维护

D. 备有通风和换气设备　　　E. 腐蚀性气体、粉尘少

答案：A，B，C，D，E

13. 通用变频器的主电路接线端子一般包括_____等。

A. 交流电源输入端子　　　B. 熔断器接线端子　　　C. 变频器输出端子

D. 外部制动电阻接线端子　　　E. 接地端子

答案：A，C，D，E

14. 通用变频器的操作面板根据生产厂家不同而有所不同，但基本功能相同，主要有_____等。

A. 显示频率、电流、电压　　　　　B. 设定频率、系统参数（功能码）

C. 读取变频器运行信息和故障报警信息　　　D. 故障报警信息复位

E. 变频器的操作面板运行操作

答案：A，B，C，D，E

15. 通用变频器安装接线完成后，通电调试前应检查接线是否正确，接线正确的是_____。

A. 交流电源进线不要接到变频器输出端子

B. 交流电源进线不要接到变频器控制电路端子

C. 变频器与电动机之间接线的长度不能超过变频器允许的最大布线距离

D. 交流电源进线接到变频器控制电路端子

E. 在工频与变频相互转换的应用中要有电气互锁

答案：A，B，C，E

16. 通用变频器试运行检查主要包括_____等内容。

A. 电动机旋转方向是否正确　　　　　B. 电动机是否有不正常的振动及噪声

C. 电动机的温升是否过高　　　　　　D. 电动机的温升是否过低

E. 电动机的升、降速是否平滑

答案：A，B，C，E

三、判断题

1. 通用变频器的频率给定方式有数字面板给定方式、模拟量给定方式、多段（固定频率）给定方式、通信给定方式等。

答案：正确

2. 通用变频器的保护功能有很多，通常有欠电压保护、过电压保护、过电流保护、防失速功能保护等。

答案：正确

3. 选择通用变频器容量时，变频器额定输出电流是反映变频器负载能力最关键的参数。

答案：错误

4. 通用变频器安装在电气控制柜内时，变频器应水平安装，变频器之间有足够距离，以便于通风散热。

答案：错误

5. 变频器的交流电源输入端子 L1、L2、L3（R、S、T）接线时，应按正确相序接线，否则将影响电动机的旋转方向。

答案：错误

6. 通用变频器大部分参数（功能码）必须在变频器停止运行状态下设置。

答案：正确

7. 变频器与电动机之间接线最大距离不能超过变频器允许的最大布线距离。

答案：正确

8. SPWM 型逆变器的同步调制方式是载波（三角波）的频率与调制波（正弦波）的频率之比等于常数，不论输出频率高低，输出电压每半周输出脉冲数是相同的。

答案：正确

9. 通用变频器的逆变电路中功率开关管现在一般采用 IGBT 模块。

答案：正确

10. 通用变频器的规格指标中最大适配电动机的容量，一般是以 6 极异步电动机为对象。

答案：错误

11. 通用变频器所允许的过载电流以额定电流的百分数和额定的时间来表示。

答案：错误

12. 变频器所采用的制动方式一般有能耗制动、回馈制动、失电制动等几种。

答案：错误

13. 通用变频器试运行中，当变频器设置的加速时间太短时，往往会引起变频器过电流保护动作。

答案：正确

14. 变频调速中交-直-交变频器，一般由整流器、滤波器、逆变器等部分组成。

答案：正确

15. 变频调速系统中正确输出电压的控制方式一般可分为 PWM、PLM 控制。

答案：错误

16.异步电动机变压变频调速系统中，调速时必须同时调节定子电源的电压和频率。

　　答案： 正确

17.交流变频调速基频以下属于恒功率调速。

　　答案： 错误

18.交-直-交变频器按中间回路对无功能量处理方式的不同，可分为电压型、电抗型等。

　　答案： 错误

19.异步电动机的变频调速装置，其功能是将电网的恒压恒频交流电变换成变压变频交流电，对交流电动机供电，实现交流无级调速。

　　答案： 正确

20.变频器由微处理器控制，可以实现过电压/欠电压保护、过热保护、接地故障保护、短路保护、电动机过热保护等。

　　答案： 正确

21.轻载启动时变频器跳闸的原因是变频器输出电流过大。

　　答案： 错误

22.变频器的参数设置不正确、参数不匹配，会导致变频器不工作、不能正常工作或频繁发生保护动作甚至损坏。

　　答案： 正确

23.当变频器出现参数设置类故障时，可以根据故障代码或说明书进行修改，也可恢复出厂值，重新设置。

　　答案： 正确

24.变频器主电路逆变桥功率模块中，每个 IGBT 均与一个普通二极管反并联。

　　答案： 错误

25.变频器的网络控制可分为数据通信、远程调试、网络控制三方面。

　　答案： 错误

26.交流变频调速系统具有体积小、重量轻、控制精度高、保护功能完善、操作过程简便等诸多优点。

　　答案： 正确

第五模块　自动控制电路装调与维修

一、单选题

1. 可编程控制器一般由 CPU、存储器、输入/输出接口、_____及编程器五部分组成。

　　A. 电源　　　　　　B. 连接部件　　　　　C. 控制信号　　　　　D. 导线

　　答案：A

2. PLC 与继电控制系统之间存在元件触点数量、工作方式和_____差异。

　　A. 使用寿命　　　　B. 工作环境　　　　　C. 体积大小　　　　　D. 接线方式

　　答案：A

3. 世界上公认的第一台 PLC 是_____年美国数字设备公司研制的。

　　A. 1958　　　　　　B. 1969　　　　　　　C. 1974　　　　　　　D. 1980

　　答案：B

4. 可编程控制器体积小、质量轻，是_____特有的产品。

　　A. 机电一体化　　　B. 工业企业　　　　　C. 生产控制过程　　　D. 传统机械设备

　　答案：A

5. _____是 PLC 的输出信号，用来控制外部负载。

　　A. 输入继电器　　　B. 输出继电器　　　　C. 辅助继电器　　　　D. 计数器

　　答案：B

6. PLC 中专门用来接收外部用户输入信号的设备，称为_____继电器。

　　A. 辅助　　　　　　B. 状态　　　　　　　C. 输入　　　　　　　D. 时间

　　答案：C

7. 可编程控制器不是普通的计算机，它是一种_____。

　　A. 单片机　　　　　B. 微处理器　　　　　C. 工业现场用计算机　D. 微型计算机

　　答案：C

8. _____符号所表示的是 FX 系列基本单元晶体管输出。

　　A. FX0N-60MR　　　B. FX2N-48MT　　　　C. FX-16EYT-TB　　　D. FX-48ET

　　答案：B

9. 为了防止干扰，对输入脉冲信号进行输入滤波，采用_____的方式来实现。

　　A. 降低电压　　　　B. 重复计数　　　　　C. 整形电路　　　　　D. 高速计数

　　答案：C

10. PLC 程序编写有_____方法。

　　A. 梯形图和功能图　B. 图形符号逻辑　　　C. 继电器原理图　　　D. 卡诺图

　　答案：A

11. 在较大型和复杂的电气控制程序设计中，可以采用_____方法来设计程序。

　　A. 程序流程图设计　　　　　　　　　　　　B. 继电控制原理图设计

C. 简化梯形图设计 　　　　　　　　　　　　D. 普通的梯形图设计

答案：A

12. 通过编程控制程序，即将 PLC 内部的各种逻辑部件按照_____进行组合，以达到一定的逻辑功能。

A. 设备要求　　　　B. 控制工艺　　　　C. 元件材料　　　　D. 编程器型号

答案：B

13. 功能指令用于数据传送、运算、变换及_____。

A. 编写指令语句表　　B. 编写状态转移图　　C. 编写梯形图　　D. 程序控制

答案：D

14. 为了便于分析 PLC 的周期扫描原理，假想在梯形图中有_____流动，这就是"能流"。

A. 电压　　　　　　B. 电动势　　　　　　C. 电流　　　　　　D. 反电势

答案：C

15. PLC 将输入信息采入内部，执行_____逻辑功能，最后达到控制要求。

A. 硬件　　　　　　B. 元件　　　　　　C. 用户程序　　　　D. 控制部件

答案：C

16. 在 PLC 的顺序控制程序中采用步进指令方式编程有_____等优点。

A. 方法简单、规律性强　　　　　　　　　B. 程序不能修改

C. 功能性强、专用指令　　　　　　　　　D. 程序不需进行逻辑组合

答案：A

17. PLC 的扫描周期与程序的步数、_____及所用指令的执行时间有关。

A. 辅助继电器　　　B. 计数器　　　　　C. 计时器　　　　　D. 时钟频率

答案：D

18. PLC 的扫描周期与程序的步数、_____及时钟频率有关。

A. 辅助继电器　　　　　　　　　　　　　B. 计数器

C. 计时器　　　　　　　　　　　　　　　D. 所用指令的执行时间

答案：D

19. PLC 的_____输出是有触点输出，既可控制交流负载，又可控制直流负载。

A. 继电器　　　　　B. 晶体管　　　　　C. 单结晶体管　　　D. 二极管

答案：A

20. PLC 的_____输出是无触点输出，只能用于控制交流负载。

A. 继电器　　　　　B. 双向晶闸管　　　C. 单结晶体管　　　D. 二极管

答案：B

21. FX2N 可编程控制器的锂电池为_____的。

A. 碱性　　　　　　B. 通用　　　　　　C. 酸性　　　　　　D. 专用

答案：A

22. 可编程控制器的_____是它的主要技术性能之一。

A. 机器型号　　　　B. 接线方式　　　　C. 输入/输出点数　　D. 价格

答案：C

23. FX 系列 PLC 内部辅助继电器 M 编号是_____进制的。

A. 二　　　　　　　B. 八　　　　　　　C. 十　　　　　　　D. 十六

答案：C

24. FX 系列 PLC 内部输入继电器 X 编号是_____进制的。

A. 二　　　　　　　　B. 八　　　　　　　　C. 十　　　　　　　　D. 十六

答案：B

25. PLC 日常维护工作的内容为_____。

A. 定期修改程序　　　B. 日常清洁与巡查　　C. 更换输出继电器　　D. 刷新参数

答案：B

26. PLC 的定时器是_____。

A. 硬件实现的延时继电器，在外部调节　　　　B. 软件实现的延时继电器，在内部调节

C. 时钟继电器　　　　　　　　　　　　　　　D. 输出继电器

答案：B

27. 状态元件编写步进指令，两条指令为_____。

A. SET、STL　　　　　B. OUT、SET　　　　　C. STL、RET　　　　　D. RET、END

答案：C

28. 用于停电恢复后需要继续执行停电前状态的计数器是_____。

A. C0～C29　　　　　B. C100～C199　　　　C. C30～C49　　　　　D. C50～C99

答案：B

29. 用于断电保持数据的寄存器为_____，只要不改写，无论运算或停电，原有数据不变。

A. D0～D49　　　　　B. D50～D99　　　　　C. C100～C199　　　　D. D200～D511

答案：D

30. PLC 的特殊继电器指的是_____。

A. 提供具有特定功能的内部继电器　　　　　　B. 断电保护继电器

C. 内部定时器和计数器　　　　　　　　　　　D. 内部状态指示继电器和计数器

答案：A

31. FX 系列的 PLC 数据类元件的基本结构为 16 位存储单元，机内_____称为字元件。

A. X　　　　　　　　B. Y　　　　　　　　C. V　　　　　　　　D. S

答案：C

32. 在同一段程序内，_____使用相同的暂存寄存器存储不相同的变量。

A. 不能　　　　　　　　　　　　　　　　　　B. 能

C. 根据程序和变量的功能确定　　　　　　　　D. 只要不引起输出矛盾就可以

答案：A

33. 可编程控制器的梯形图采用_____方式工作。

A. 并行控制　　　　　B. 串行控制　　　　　C. 循环控制　　　　　D. 连续扫描

答案：C

34. 对几个并联回路进行串联时，应将并联回路多的放在梯形图的_____，可以节省指令语句表的条数。

A. 左边　　　　　　　B. 右边　　　　　　　C. 上方　　　　　　　D. 下方

答案：A

35. 在 PLC 梯形图编程中，2 个或 2 个以上的触点串联的电路称为_____。

A. 串联电路　　　　　B. 并联电路　　　　　C. 串联电路块　　　　D. 并联电路块

答案：C

36. 在 PLC 梯形图编程中，2 个或 2 个以上的触点并联的电路称为_____。

　A. 串联电路　　　　　B. 并联电路　　　　　C. 串联电路块　　　　　D. 并联电路块

答案：D

37. 在 PLC 梯形图编程中，并联触点块串联指令为_____。

　A. LD　　　　　B. OR　　　　　C. ORB　　　　　D. ANB

答案：D

38. 在 PLC 梯形图编程中，触点应画在_____上。

　A. 垂直线　　　　　　　　　　　　B. 水平线

　C. 串在输出继电器后面　　　　　　D. 直接连到右母线

答案：B

39. 在 FX2N 系列的基本指令中，_____指令是不带操作元件的。

　A. OR　　　　　B. ORI　　　　　C. ORB　　　　　D. OUT

答案：C

40. PLC 程序中的 END 指令的用途是_____。

　A. 程序结束，停止运行

　B. 指令扫描到端点，有故障

　C. 指令扫描到端点，将进行新的扫描

　D. 程序结束、停止运行和指令扫描到端点、有故障

答案：C

41. _____为栈操作指令，用于梯形图某接点后存在分支支路的情况。

　A. MC. MCR　　　　　　　　　　B. OR、ORB

　C. AND. ANB　　　　　　　　　　D. MPS、MRD. MPP

答案：D

42. 主控触点指令含有主控触点 MC 及主控触点复位_____两条指令。

　A. MCR　　　　　B. MPS　　　　　C. ORB　　　　　D. MRD

答案：A

43. PLC 程序能对_____进行检查。

　A. 开关量　　　　　　　　　　　　B. 二极管

　C. 双线圈、指令、梯形图　　　　　D. 光电耦合器

答案：C

44. PLC 中状态器 S 的接点指令 STL 的功能是_____。

　A. S 线圈被激活　　　　　　　　　B. S 的触点与母线连接

　C. 将步进触点返回主母线　　　　　D. S 的常开触点与主母线连接

答案：D

45. 状态转移图中，_____不是它的组成部分。

　A. 初始步　　　　　B. 中间工作步　　　　　C. 终止工作步　　　　　D. 转换和转换条件

答案：C

46. 状态的三要素为驱动负载、转移条件和_____。

　A. 初始步　　　　　B. 扩展工作步　　　　　C. 中间工作步　　　　　D. 转移方向

答案：D

47. FX2N 可编程序控制器控制电动机星-三角启动时，星形切换到三角形延时_____。

A. 1s   B. 2s   C. 3s   D. 5s

答案：C

48. 步进指令 STL 在步进梯形图上是以_____来表示的。

A. 步进接点   B. 状态元件   C. S 元件的常开触点   D. S 元件的置位信号

答案：A

49. 并行性分支的汇合状态由_____来驱动。

A. 任意一分支的最后状态   B. 两个分支的最后状态同时

C. 所有分支的最后状态同时   D. 任意个分支的最后状态同时

答案：C

50. STL 指令仅对状态元件_____有效，对其他元件无效。

A. T   B. C   C. M   D. S

答案：D

51. 在 STL 指令后，_____的双线圈是允许的。

A. 不同时激活   B. 同时激活   C. 无须激活   D. 随机激活

答案：A

52. 在 STL 和 RET 指令之间不能使用_____指令。

A. MPS、MPP   B. MC、MCR   C. RET   D. SET

答案：B

53. 下列选项对 PLC 控制系统设计步骤描述错误的是_____。

A. 正确选择 PLC 来保证控制系统的技术和经济性能指标

B. 深入了解控制对象及控制要求

C. 系统交付前要根据调试的最终结果，整理出完整的技术文件

D. 进行程序调试时直接进行现场调试即可

答案：D

54. 功能指令的格式是由_____组成的。

A. 功能编号与操作元件   B. 助记符和操作元件

C. 标记符与参数   D. 助记符与参数

答案：B

55. FX 系列 PLC 的功能指令所使用的数据类软元件中，除了字元件、双字元件之外，还可以使用_____。

A. 三字元件   B. 四字元件   C. 位元件   D. 位组合元件

答案：D

56. 功能指令可分为 16 位指令和 32 位指令，其中 32 位指令用_____表示。

A. CMP   B. MOV   C. DADD   D. SUB

答案：C

57. 功能指令的操作数可分为源操作数和_____操作数。

A. 数值   B. 参数   C. 目标   D. 地址

答案：C

58. FX2N 可编程控制器有 200 多条功能指令，分 _____、数据处理和特殊应用等基本类型。

A. 基本指令　　　　B. 步进指令　　　　C. 程序控制　　　　D. 结束指令

答案：C

59. FX2N 可编程控制器中的功能指令有 _____ 条。

A. 20　　　　B. 2　　　　C. 100　　　　D. 200 多

答案：D

60. 比较指令 CMP K100 C20 M0 中使用了 _____ 个辅助继电器。

A. 1　　　　B. 2　　　　C. 3　　　　D. 4

答案：C

61. 在梯形图编程中，传送指令 MOV 的功能是 _____。

A. 源数据内容传送给目标单元，同时将源数据清零

B. 源数据内容传送给目标单元，同时源数据不变

C. 目标数据内容传送给源单元，同时将目标数据清零

D. 目标数据内容传送给源单元，同时目标数据不变

答案：B

62. 变址寄存器 V、Z 和普通数据寄存器一样，是进行 _____ 位数据读写的数据寄存器。

A. 8　　　　B. 10　　　　C. 16　　　　D. 32

答案：C

63. 程序设计的步骤为：了解控制系统的要求，编写 I/O 及内部地址分配表，设计梯形图和 _____。

A. 程序输入　　　　B. 系统调试　　　　C. 编写程序单　　　　D. 程序修改

答案：C

64. 在机房内通过 _____ 设备，对 PLC 进行编程和参数修改。

A. 个人计算机

B. 单片机开发系统

C. 手持编程器或带有编程软件的个人计算机

D. 无法修改和编程

答案：C

65. PLC 在模拟运行调试中可用计算机进行 _____，若发现问题，可在计算机上立即修改程序。

A. 输入　　　　B. 输出　　　　C. 编程　　　　D. 监控

答案：D

66. PLC 机型选择的基本原则是在满足 _____ 要求的前提下，保证系统可靠、安全、经济、使用维护方便。

A. 硬件设计　　　　B. 软件设计　　　　C. 控制功能　　　　D. 输出设备

答案：C

67. 选择 PLC 产品要注意的电气特征是 _____。

A. CPU 执行速度和输入/输出模块形式

B. 编程方法和输入/输出模块形式

C. 容量、速度、输入/输出模块形式、编程方法

D. PLC 的体积、耗电、处理器和容量

答案：C

68. PLC 扩展单元有输出、输入、高速计数和_____模块。

A. 数据转换　　　　　　B. 转矩显示　　　　　C. A/D、D/A 转换　　　D. 转速显示

答案：C

69. FX2N 可编程控制器面板上的"PROG. E"指示灯闪烁是_____。

A. 设备正常运行状态电源指示　　　　　　B. 忘记设置定时器或计数器常数

C. 梯形图电路有双线圈　　　　　　　　　D. 在通电状态进行存储卡盒的壮志装卸

答案：B

70. FX2N 可编程控制器面板上的"RUN"指示灯亮，表示_____。

A. 正常运行　　　　　　　　　　　　　　B. 程序写入

C. 工作电源电压低下　　　　　　　　　　D. 工作电源电压偏高

答案：A

71. FX2N 可编程控制器面板上的"BATT. V"指示灯点亮，原因是_____。

A. 工作电源电压正常　　　　　　　　　　B. 后备电池电压低下

C. 工作电源电压低下　　　　　　　　　　D. 工作电源电压偏高

答案：B

72. 可编程控制器的接地_____。

A. 可以和其他设备公共接地　　　　　　　B. 采用单独接地

C. 可以和其他设备串联接地　　　　　　　D. 不需要

答案：B

73. PLC 的交流输出线与直流输出线_____同一根电缆，输出线应尽量远离高压线和动力线，避免并行。

A. 不能用　　　　　　B. 可以用　　　　　C. 应该用　　　　　D. 必须用

答案：A

二、多选题

1. 可编程控制器是一种_____工业现场用计算机。

A. 机电一体化　　　　　B. 可编程的存储器　　　　C. 生产控制过程

D. 传统机械设备　　　　E. 数字运算

答案：A，B，C

2. PLC 与继电控制系统之间存在_____差异。

A. 使用寿命　　　　　　B. 元件触点数量　　　　　C. 体积大小

D. 工作方式　　　　　　E. 接线方式

答案：A，B，D

3. 可编程控制器的控制技术将向_____发展。

A. 机电一体化　　B. 电气控制　　　C. 多功能网格化　　D. 大型化　　　　　　E. 液压控制

答案：A，B，C

4. 可编程控制器是一台_____的工业现场用计算机。

A. 抗干扰能力强 　　　　　B. 工作可靠 　　　　　C. 生产控制过程

D. 通用性强 　　　　　E. 编程方便

答案：A，B，D，E

5. 可编程控制器的输出继电器_____。

A. 可直接驱动负载 　　　　　B. 工作可靠 　　　　　C. 只能用程序指令驱动

D. 用 Y 表示 　　　　　E. 采用八进制

答案：C，D，E

6. 可编程控制器的输入继电器_____。

A. 可直接驱动负载 　　　　　B. 接收外部用户输入信息 　C. 不能用程序指令驱动

D. 用 X 表示 　　　　　E. 采用八进制

答案：B，C，D，E

7. 可编程控制器的硬件由_____组成。

A. CPU 　　　　　B. 存储器 　　　　　C. 输入/输出接口

D. 电源 　　　　　E. 编程器

答案：A，B，C，D，E

8. 可编程控制器的型号中，_____表示输出方式。

A. MR 　　　　　B. MT 　　　　　C. TB

D. MS 　　　　　E. ON

答案：A，B，D

9. PLC 的输出采用_____方式。

A. 二极管 　　B. 晶体管 　　C. 双向晶闸管 　　D. 发光二极管 　　E. 继电器

答案：B，C，E

10. 可编程控制器一般采用的编程语言有_____。

A. 梯形图 　　B. 语句表 　　C. 功能图 　　D. 高级语言 　　E. 汇编语言

答案：A，B，C，D

11. PLC 的指令语句表达形式是由_____组成。

A. 程序流程图 　　B. 操作码 　　C. 参数 　　D. 梯形图 　　E. 标识符

答案：B，C，E

12. 在 PLC 的顺序控制程序中，采用步进指令方式编程有_____的优点。

A. 方法简单、规律性强 　　　　　　　　　　B. 提高工作效率、修改程序方便

C. 程序不能修改 　　　　　　　　　　　　　D. 功能性强、专用指令多

E. 程序不需进行逻辑组合

答案：A，B，E

13. 功能指令用于_____功能。

A. 数据传送 　　　　　B. 运算 　　　　　C. 变换

D. 编写指令语句表 　　　　　E. 程序控制

答案：A，B，C，E

14. 为了便于分析 PLC 的周期扫描原理，能流在梯形图中只能作_____单方向流动。

A. 左向右 　　B. 右向左 　　C. 先上后下 　　D. 随机 　　E. 先下后上

答案：A，C

15. 可编程控制器的输入点可与机械系统上的_____等直接连接。

A. 触点开关　　　B. 接近开关　　　C. 用户程序　　　D. 按钮触点　　　E. 传感器

答案：A，B，E

16. 通过编制_____，即将 PLC 内部的逻辑关系按照控制工艺进行组合，以达到一定的逻辑功能。

A. 梯形图　　　B. 接近开关　　　C. 用户程序　　　D. 指令语句表　　　E. 系统程序

答案：A，D

17. PLC 的循环扫描工作中，每一扫描周期的工作阶段是_____。

A. 输入采样阶段　　　　　B. 程序监控阶段　　　　　C. 程序执行阶段

D. 输出刷新阶段　　　　　E. 自诊断阶段

答案：A，C，D，E

18. 指令执行所需的时间与_____有很大的关系。

A. 用户程序的长短　　　B. 程序监控　　　C. 指令的种类

D. CPU 执行速度　　　E. 自诊断

答案：A，D

19. PLC 的输出类型有_____等输出形式。

A. 继电器输出　　　　　B. 双向晶闸管输出　　　　　C. 晶体管输出

D. 二极管输出　　　　　E. 光电耦合器输出

答案：A，B，C

20. PLC 的双向晶闸管输出适用于_____的工作场合。

A. 高速通断　　　B. 快速响应　　　C. 交流负载　　　D. 电流大　　　E. 使用寿命长

答案：A，B，C

21. PLC 的晶体管输出适用于要求_____的工作场合。

A. 高速通断　　　B. 快速响应　　　C. 直流负载　　　D. 使用寿命长　　　E. 电流大

答案：A，B，C

22. 可编程控制器的主要技术性能包括_____。

A. 机器型号　　　　　B. 应用程序的存储容量　　　　　C. 输入/输出点数

D. 扫描周期　　　　　E. 接线方式

答案：B，C

23. PLC 内部辅助继电器有_____等特点。

A. 可重复使用　　　B. 无触点　　　C. 能驱动 LED　　　D. 寿命长　　　E. 数量多

答案：A，E

24. FX 系列 PLC 输入继电器可_____驱动。

A. 磁场直接　　　B. 外部开关　　　C. 外部按钮　　　D. 接近开关　　　E. 模拟量

答案：B，C，D

25. FX 系列 PLC 输入继电器可驱动_____。

A. 灯泡　　　B. 电磁铁线圈　　　C. 继电器线圈　　　D. 电容　　　E. 开关触点

答案：A，B，C

26. 定时器可采用_____的内容作为指定值。

A. 常数 K　　　B. 变址寄存器 Z　　　C. 变址寄存器 V　　　D. KM　　　E. 寄存器 D

答案：A，E

27. 各状态元件的触点在内部编程时可_____。

A. 驱动电磁铁线圈 　　　B. 自由使用 　　　　　C. 使用次数不限

D. 驱动灯泡 　　　　　　E. 驱动继电器线圈

答案：B，C，E

28. 对机内_____元件的信号进行计数，称内部计数器。

A. X 　　　　B. Y 　　　　C. M 　　　　D. S 　　　　E. T

答案：A，B，C，D，E

29. 数据寄存器用于存储数据的软元件，它有_____。

A. X 　　　B. D 　　　C. V 　　　D. S 　　　E. Z 　　　F. C

答案：B，C，E

30. PLC 的特殊继电器有_____等。

A. M8000 　　　B. M8002 　　　C. M8013 　　　D. M200 　　　F. M800

答案：A，B，C

31. FX 系列的 **PLC** 数据类元件的基本结构为 **16** 位存储单元，机内_____称为字元件。

A. X 　　　B. M 　　　C. V 　　　D. Z 　　　E. D

答案：C，D，E

32. 可编程控制器梯形图的基本结构组成是_____。

A. 左右母线 　　B. 编程触点 　　C. 连接线 　　D. 线圈 　　E. 动力源

答案：A，B，C，D

33. PLC 采用循环扫描方式工作，因此程序执行时间和_____有关。

A. CPU 速度 　　B. 编程方法 　　C. 输出方式 　　D. 负载性质 　　E. 编程长短

答案：A，E

34. 能直接编程的梯形图必须符合_____顺序执行。

A. 从上到下 　　B. 从下到上 　　C. 从左到右 　　D. 从内到外 　　E. 从右到左

答案：A，C

35. 在梯形图中，软继电器常开触点可与_____串联。

A. 常开触点 　　B. 线圈 　　C. 并联电路块 　　D. 常闭触点 　　E. 串联电路块

答案：A，C，D

36. 在梯形图中，软继电器常开触点可与_____并联。

A. 常开触点 　　B. 线圈 　　C. 并联电路块 　　D. 常闭触点 　　E. 串联电路块

答案：A，D，E

37. 在 **PLC** 梯形图编程中，常用到触点块连接指令_____。

A. MPS、MRD、MPP 　　　B. OR 　　　　　　C. ORB

D. ANB 　　　　　　　　E. M 　　　　　　　F. MCR

答案：C，D

38. 在 **PLC** 梯形图编程中，将触点画在_____上是不正常的。

A. 垂直线 　　　　　　　B. 水平线 　　　　　　C. 串在输出继电器后面

D. 连到右母线 　　　　　E. 连到左母线

答案：A，C，D

39. 在 FX 系列可编程控制器的指令中，_____等是基本指令。

　　A. M　　　　　　B. ANB　　　　　C. ORB　　　　　D. OUT、LDI　　　E. MOV

　　答案：A，B，C，D

40. FX 系列可编程控制器的指令由_____组成。

　　A. 系统指令　　　B. 步进指令　　　C. 功能指令　　　D. 汇编指令　　　E. 基本指令

　　答案：B，C，E

41. 在 FX 系列中，栈操作指令由_____组成。

　　A. MCR　　　　　B. MPS　　　　　C. MC　　　　　D. MRD　　　　　E. MPP

　　答案：B，D，E

42. 在 FX 系列中，_____指令不是主控触点指令。

　　A. MCR　　　　　B. MPS　　　　　C. MC　　　　　D. RST　　　　　E. SET

　　答案：B，D，E

43. 在 FX 系列中，_____指令不是基本指令。

　　A. M　　　　　　B. RET　　　　　C. MOV　　　　　D. STL　　　　　E. SET

　　答案：B，C，D

44. PLC 中步进接点指令的功能，_____不是 STL 的功能。

　　A. S 线圈被激活　　　　　　　　　　　　　　　B. S 的触点与母线连接

　　C. 将步进触点返回主母线　　　　　　　　　　　D. S 的常开触点与主母线连接

　　E. S 的常开触点与副母线连接

　　答案：A，B，C，E

45. 状态转移图的组成部分是_____。

　　A. 初始步　　　　　　　B. 中间工作步　　　　　　C. 终止工作步

　　D. 有向连线　　　　　　E. 转换和转换条件

　　答案：A，B，D，E

46. 驱动负载，即本状态做什么，_____是可驱动的。

　　A. Y　　　　　　B. T　　　　　　C. M　　　　　　D. X　　　　　　E. C

　　答案：A，B，C，E

47. 在选择性分支中，_____不是转移到各分支的必要条件。

　　A. 只有一对分支相同　　　B. 各分支之间互相排斥　　　C. 有部分分支相同

　　D. 只有一对分支互相排斥　　E. S 元件的常开触点

　　答案：A，C，D，E

48. 连续写 STL 指令表示并行汇合，STL 指令连续使用_____次是不可以的。

　　A. 8　　　　　　B. 4　　　　　　C. 11　　　　　　D. 无限　　　　　E. 7

　　答案：C，D

49. STL 指令对_____元件无效。

　　A. T　　　　　　B. C　　　　　　C. M　　　　　　D. S　　　　　　E. D

　　答案：A，B，C，E

50. 在 STL 指令后，_____的双线圈是不允许的。

　　A. 不同时激活　　B. 同时激活　　　C. 无须激活　　　D. 随机激活　　　E. 定时器

　　答案：B，D

51. 在 **STL** 和 **RET** 指令之间可以使用_____等指令。

    A. SET   B. OUT   C. RET   D. END   E. LD

    答案：A，B，C，E

52. FX 系列指令有基本指令、功能指令和步进指令，_____不是步进指令。

    A. ADD   B. STL   C. LD   D. AND   E. RET

    答案：A，C，D

53. 在 **FX** 系列 **PLC** 中，下列指令正确的为_____。

    A. ZRST S20 M30   B. ZRST T0 Y20   C. ZRST S20 S30

    D. ZRST Y0 Y27   E. ZRST M0 M100

    答案：C，D，E

54. FX 系列 **PLC** 的功能指令所使用的是_____数据类软元件。

    A. KNY0   B. KNX0   C. D   D. V   E. RST

    答案：A，B，C，D

55. 功能指令可分为 **16** 位指令和 **32** 位指令，其中 **32** 位指令用_____表示。

    A. DCMP   B. DMOV   C. DADD   D. DSUB   E. DZRST

    答案：A，B，C，D，E

56. 功能指令的使用要素有_____。

    A. 编号   B. 助记符   C. 数据长度   D. 执行方式   E. 操作数

    答案：A，B，C，D，E

57. FX2N 的功能指令种类多、数量大、使用频繁，_____为数据处理指令。

    A. CJ   B. CALL   C. CMP   D. ADD   E. ROR

    答案：C，D，E

58. FX2N 可编程控制器中的功能指令有_____等 **100** 种应用指令。

    A. 传送比较   B. 四则运算   C. 主控   D. 移位   E. 栈操作

    答案：A，B，D

59. 比较指令 **CMP** 的目标操作元件可以是_____。

    A. T   B. M   C. X   D. Y   E. S

    答案：B，D，E

60. 传送指令 **MOV** 的目标操作元件可以是_____。

    A. 定时器   B. 计数器   C. 输入继电器

    D. 输出继电器   E. 数据寄存器

    答案：A，B，E

61. 可以进行变址的软元件有_____等。

    A. X   B. Y   C. M   D. S   E. H

    答案：A，B，C，D，E

62. 程序设计应包括_____的步骤。

    A. 了解控制系统的要求   B. 写 I/O 及内部地址分配表及系统调试

    C. 编写程序清单   D. 编写元件申购清单

    E. 设计梯形图

    答案：A，B，C，E

63. 用计算机编程时的操作步骤包括_____。

　　A. 安装编程软件　　　　　B. 清除原有的程序　　　　　C. 程序输入

　　D. 程序检查　　　　　　　E. 程序测试

　　答案：A，C，D，E

64. PLC 在模拟调试中，当编程软件设置监控时，梯形图中可以监控_____工作状态。

　　A. X　　　　　　B. Y　　　　　　C. T　　　　　　D. C　　　　　　E. M

　　答案：A，B，C，D，E

65. 选择可编程控制器的原则是_____。

　　A. 控制功能　　　B. 系统可靠　　　C. 安全经济　　　D. 使用维护方便　E. I/O 点数

　　答案：A，B，E

66. 选购 PLC 时应考虑_____因素。

　　A. 是否有特殊控制功能的要求　　　　　B. I/O 点数总需要量的选择

　　C. 扫描速度　　　　　　　　　　　　　D. 程序存储器容量及存储器类型的选择

　　E. 系统程序大小

　　答案：A，B，C，D

67. PLC 扩展单元有_____和 A/D、D/A 转换等模块。

　　A. 输出　　　　　B. 输入　　　　　C. 高速计数　　　D. 转矩转电压　　E. 转速转频率

　　答案：A，B，C

68. FX2N 可编程控制器面板上的"PROG. E"指示灯闪烁是_____。

　　A. 编程语法错　　　　　　　　　　　　B. 卡盒尚未初始化

　　C. 首先执行存储程序，然后执行卡盒中的程序　D. 写入时卡盒上的保护开关为 OFF

　　E. 卡盒没装 EPPROM

　　答案：A，B

69. 控制器面板上 RUN 开关不可采用_____方式。

　　A. 遥控器　　　　　B. 程序驱动　　　C. 编程软件操作　　D. 自动控制　　　E. 手动

　　答案：B，C

70. FX2N 可编程控制器面板上的"BATT. V"指示灯点亮，应采取_____措施。

　　A. 更换后备电池　　　　　B. 检查工作电源电压　　　　C. 检查程序

　　D. 仍可继续工作　　　　　E. 检查后备电池电压

　　答案：A，E

71. 可编程控制器的接地_____。

　　A. 不可以和其他设备公共接地　　　B. 采用单独接地　　　C. 可以和其他设备串联接地

　　D. 不需要接地　　　　　　　　　　E. 必须与动力设备的接地点分开

　　答案：A，B

72. 可编程控制器的布线应注意_____。

　　A. PLC 的交、直流输出线不能同时用一根电缆

　　B. 输出线应尽量远离高压线和动力线

　　C. 输入采用双绞线

　　D. 接地点必须与动力设备的接地点分开

　　E. 单独接地

答案：A，B，C，E

73. PLC 的日常维护与维修，应该包括_____，以保证其工作环境的整洁和卫生。

A. 用干抹布和皮老虎清灰　　　B. 日常清洁与巡查　　　C. 用干抹布和机油

D. 用干抹布和清水　　　E. 接口是否松动

答案：A，B，E

74. PLC 锂电池具有_____优点，它用作掉电保护电路供电的后备电源。

A. 体积小　　　B. 质量轻　　　C. 不漏液

D. 可重复充电　　　E. 使用寿命长

答案：A，B，C，E

三、判断题

1. 可编程控制器不是普通的计算机，它是一种工业现场用计算机。

答案：正确

2. 继电器控制电路工作时，电路中硬件都处于受控状态，PLC 各软继电器都处于周期循环扫描状态，各个软继电器的线圈和它的触点动作并不同时发生。

答案：正确

3. 美国通用汽车公司于 1968 年提出用新型控制器代替传统继电接触控制系统的要求。

答案：正确

4. 可编程控制器抗干扰能力强，是工业现场用计算机特有的产品。

答案：正确

5. 可编程控制器的输出端可直接驱动大容量电磁铁、电磁阀、电动机等大负载。

答案：错误

6. 可编程控制器的输入端可与机械系统上的触点开关、接近开关、传感器等直接连接。

答案：正确

7. 可编程控制器一般由 CPU、存储器、输入/输出接口、电源、传感器五部分组成。

答案：正确

8. 可编程控制器的型号能反映出该机的基本特征。

答案：正确

9. PLC 采用了典型的计算机结构，主要是由 CPU、RAM、ROM，以及专门设计输入出接口的电路等组成。

答案：正确

10. 在 PLC 顺序控制程序中，采用步进指令方式编程有方法简单、规律性强、修改程序方便的优点。

答案：正确

11. 复杂的电气控制程序设计中，可以采用继电控制原理图来设计程序。

答案：错误

12. 在 PLC 的顺序控制程序中采用步进指令方式编程，有程序不能修改的特点。

答案：错误

13. 字元件主要用于开关量信息的传递、变换及逻辑处理。

答案：错误

14. 能流在梯形图中只能作单方向流动，从左向右流动，层次的改变只能先上后下。

    答案： 正确

15. PLC 将输入信息采入内部，执行用户程序的逻辑功能，最后达到控制要求。

    答案： 正确

16. 通过编制控制程序，即将 PLC 内部的各种逻辑部件按照控制工艺进行组合，以达到一定的逻辑功能。

    答案： 正确

17. PLC 一个扫描周期的工作过程，是指读入输入状态到发生输出信号所用的时间。

    答案： 错误

18. 连续扫描工作方式是 PLC 的一大特点，也可以说 PLC 是"串行"工作的，而继电器控制系统是"并行"工作的。

    答案： 正确

19. PLC 的继电器输出适应于要求高速通断、快速响应的工作场合。

    答案： 错误

20. PLC 的双向晶闸管方式适应于要求高速通断、快速响应的交流负载工作场合。

    答案： 正确

21. PLC 的晶体管方式适应于要求高速通断、快速响应的直流负载工作场合。

    答案： 正确

22. PLC 产品技术指标中的存储容量是指其内部用户存储器的存储容量。

    答案： 正确

23. 所有内部辅助继电器均带有停电记忆功能。

    答案： 错误

24. FX 系列 PLC 输入继电器是用程序驱动的。

    答案： 错误

25. FX 系列 PLC 输出继电器是用程序驱动的。

    答案： 正确

26. PLC 中 T 是实现断电延时的操作指令，当输入由 ON 变为 OFF 时，定时器开始定时；当定时器的输入为 OFF 或电源断开时，定时器复位。

    答案： 错误

27. FX 系列 PLC 步进指令不是用程序驱动的。

    答案： 错误

28. 计数器只能做加法运算，若要做减法运算，则必须用寄存器。

    答案： 错误

29. 数据寄存器是用于存储数据的软元件，在 FX2N 系列中为 16 位，也可组合为 32 位。

    答案： 正确

30. 电压电流双闭环系统接线时，应尽可能将电动机的电枢端子与调速器输出连线短一些。

    答案： 正确

31. PLC 的特殊继电器指的是提供具有特定功能的内部继电器。

    答案： 正确

32. 输入继电器仅是一种形象说法，并不是真实继电器，它是编程语言中专用的"软元件"。

答案：正确

33. PLC 梯形图中，串联块的并联连接指的是梯形图中由若干触点并联所构成的电路。

答案：错误

34. PLC 的梯形图是由继电器接触控制线路演变来的。

答案：正确

35. 能直接编程的梯形图必须符合顺序执行，即从上到下、从左到右地执行。

答案：正确

36. 串联触点较多的电路放在梯形图的上方，可减少指令表语言的条数。

答案：正确

37. 并联触点较多的电路放在梯形图的上方，可减少指令表语言的条数。

答案：错误

38. 在逻辑关系比较复杂的梯形图中，常用到触点块连接指令。

答案：正确

39. 桥型电路需重排，复杂电路要简化处理。

答案：正确

40. 在 FX 系列 PLC 的编程指令中，STL 是基本指令。

答案：正确

41. PLC 程序中的 END 指令的用途是程序结束、停止运行。

答案：错误

42. 用于梯形图某触点后存在分支支路的指令为栈操作指令。

答案：正确

43. 主控触点指令含有主控触点 MC 及主控触点复位 RST 两条指令。

答案：错误

44. PLC 可以远程遥控。

答案：正确

45. 步进顺控的编程原则是先进行负载驱动处理，然后进行状态转移处理。

答案：正确

46. 状态转移图中，终止工作步不是它的组成部分。

答案：正确

47. PLC 步进指令中的每个状态器都需具备驱动有关负载、指定转移目标、指定转移条件三要素。

答案：正确

48. PLC 中的选择性流程指的是多个流程分支可同时执行的分支流程。

答案：错误

49. 在选择性分支中转移到各分支的转换条件必须是各分支之间互相排斥。

答案：正确

50. 连续写 STL 指令表示并行汇合，STL 指令最多可连续使用无数次。

答案：错误

51. 状态元件 S 除了可与 STL 指令结合使用以外，还可作为定时器使用。

答案：错误

52. 在 STL 指令后，不同时激活的双线圈是允许的。

    答案：正确

53. 在 STL 和 RET 指令之间不能使用 MC/MCR 指令。

    答案：正确

54. STL 的作用是把状态器的触点和左母线连接起来。

    答案：正确

55. 功能指令主要由功能指令助记符和操作元件两大部分组成。

    答案：正确

56. 用于存储数据数值的软元件称为字元件。

    答案：正确

57. FX 系列 PLC 的所有功能指令都能为脉冲执行型指令。

    答案：错误

58. 功能指令的操作数可分为源操作数、目标操作数和其他操作数。

    答案：正确

59. 在 FX 系列 PLC 的所有功能指令中，附有符号 D 表示处理 32 位数据。

    答案：正确

60. PLC 中的功能指令主要是指用于数据的传送、运算、变换、程序控制等功能的指令。

    答案：正确

61. 比较指令是将源操作数（S1）和（S2）中数据进行比较，结果驱动目标操作数（D）。

    答案：正确

62. 变址寄存器 V、Z 只能用于在传送、比较类指令中，用来修改操作对象的元件号。

    答案：错误

63. 在 FX 系列 PLC 中，均可应用触点比较指令。

    答案：错误

64. 程序设计时必须了解生产工艺和设备对控制系统的要求。

    答案：正确

65. 系统程序要永久保存在 PLC 中，用户不能改变，用户程序是根据生产工艺要求编制的，可修改或增删。

    答案：正确

66. PLC 模拟调试方法是在输入端接开关来模拟输入信号，输出端接指示灯来模拟被控对象的动作。

    答案：正确

67. 选择可编程控制器的原则是价格越低越好。

    答案：错误

68. 可编程控制器的开关量输入/输出总点数，是计算所需内存储器容量的重要根据。

    答案：正确

69. PLC 扩展单元中，A/D 转换模块的功能是数字量转换为模拟量。

    答案：错误

70. FX2N 可编程控制器面板上的"PROG.E"指示灯闪烁是编程语法有错误。

    答案：正确

71. FX2N 可编程控制器面板上的"RUN"指示灯亮，表示 PLC 正常运行。

　　答案：正确

72. FX2N 可编程控制器面板上的"BATT.V"指示灯亮，应检查程序是否有错误。

　　答案：错误

73. PLC 必须采用单独接地。

　　答案：正确

74. PLC 的硬件接线不包括控制柜与编程器之间的接线。

　　答案：正确

75. PLC 除了锂电池及输入/输出触点，几乎没有经常性损耗的元器件。

　　答案：正确

76. PLC 锂电池电压即使降至最低值，用户程序也不会丢失。

　　答案：错误

第六模块　应用电子电路装调与维修

一、单选题

1. 反馈就是把放大电路_____通过一定的电路倒送回输入端的过程。

    A. 输出量的一部分   B. 输出量的一部分或全部

    C. 输出量的全部   D. 扰动量

    答案：B

2. 放大器中，凡是电压反馈，其反馈量_____。

    A. 一定是电压   B. 一定是电流   C. 电压电流都有可能   D. 为 0

    答案：C

3. 电流负反馈稳定的是_____。

    A. 输出电压   B. 输出电流   C. 输入电压   D. 输入电流

    答案：B

4. 若引回的反馈信号使净输入信号_____，则称这种反馈为负反馈。

    A. 增大   B. 减小   C. 不变   D. 略增大

    答案：B

5. 若引回的反馈信号使净输入信号_____，则称这种反馈为正反馈。

    A. 增大   B. 减小   C. 不变   D. 略增大

    答案：B

6. 在放大电路中通常采用负反馈，其目的是为了_____。

    A. 改善放大电路的静态性能   B. 改善放大电路的动态性能

    C. 改善放大电路的静态工作点   D. 改善放大电路的电压

    答案：B

7. 线性应用的运算放大器电路，如果信号是从反相端输入的，则反馈组态为_____。

    A. 串联负反馈   B. 并联负反馈   C. 电压负反馈   D. 电流负反馈

    答案：B

8. 采用负反馈既可提高放大倍数的稳定性，又可_____。

    A. 增大放大倍数   B. 减小放大倍数   C. 增大输入电阻   D. 减小输出电阻

    答案：B

9. 以下关于直流负反馈作用的说法中_____是正确的。

    A. 能扩展通频带   B. 能抵制噪声

    C. 能减小放大倍数   D. 能稳定静态工作点

    答案：D

10. 为了扩展宽频带，应在放大电路中引入_____。

    A. 电流负反馈   B. 电压负反馈   C. 直流负反馈   D. 交流负反馈

答案：D

11. 以下关于负反馈对通频带的影响的说法中，_____是正确的。

A. 交流负反馈扩展了通频带
B. 交流负反馈缩短了通频带
C. 直流负反馈扩展了通频带
D. 直流负反馈缩短了通频带

答案：A

12. 在深度负反馈条件下，串联负反馈放大电路的_____。

A. 输入电压与反馈电压近似相等
B. 输入电流与反馈电流近似相等
C. 反馈电压等于输出电压
D. 反馈电流等于输出电流

答案：A

13. 负反馈放大电路产生高频自激振荡的原因是_____。

A. 多级放大器的附加相移大
B. 电源存在内阻
C. 信号源存在内阻
D. 负载太重

答案：A

14. 消除因电源内阻引起的低频自激振荡的方法是_____。

A. 减小发射极旁路电容
B. 电源采用去耦电路
C. 增加级间耦合电容
D. 采用高频管

答案：B

15. 为了提高放大器的输入电阻，减小输出电阻，应该采用_____。

A. 电流串联负反馈
B. 电流并联负反馈
C. 电压串联负反馈
D. 电压并联负反馈

答案：C

16. 逆变桥由晶闸管 VT7～VT10 组成，每个晶闸管均_____，以限制晶闸管导通时的电流上升率。

A. 串有空心电感
B. 硒堆组成的过电压保护装置
C. 串有快速熔断器
D. 并有 C、R 组成的阻容吸收装置

答案：A

17. 负反馈对放大电路性能的改善与反馈深度_____。

A. 有关
B. 无关
C. 由串并联形式决定
D. 由电压电流形式决定

答案：A

18. 集成运算放大器的互补输出级采用_____。

A. 共基接法
B. 共集接法
C. 共射接法
D. 差分接法

答案：B

19. KMCR 是集成运算放大器的一个主要技术指标，它反映放大电路_____能力。

A. 放大差模抑制共模
B. 输入电阻高
C. 输出电阻低
D. 放大共模抑制差模

答案：A

20. 欲实现信号放大的电路，应选用_____。

A. 反相比例运算电路
B. 积分运算电路
C. 微分运算电路
D. 加法运算电路

答案：A

21. 运算放大器组成的_____，其输入电阻接近无穷大。

　　A. 反相比例放大电路　　　　　　　　　B. 同相比例放大电路

　　C. 积分器　　　　　　　　　　　　　　D. 微分器

　　答案：B

22. 理想运算放大器的两个输入端的输入电流等于零，其原因是_____。

　　A. 同相端和反相端的输入电流相等，而相位相反

　　B. 运算放大器的差模输入电阻接近无穷大

　　C. 运算放大器的开环电压放大倍数接近无穷大

　　D. 同相端和反相端的输入电压相等而相位相反

　　答案：B

23. 分析运算放大器线性应用电路时，_____的说法是错误的。

　　A. 两个输入端的净输入电流与净输入电压都为 0

　　B. 运算放大器的开环电压放大倍数为无穷大

　　C. 运算放大器的输入电阻无穷大

　　D. 运算放大器的反相输入端电位一定是"虚地"

　　答案：D

24. 运算放大器组成的加法电路，所有的输入信号_____。

　　A. 只能从反相端输入　　　　　　　　　B. 只能从同相端输入

　　C. 可以任意选择输入端　　　　　　　　D. 只能从同一个输入端输入

　　答案：D

25. 欲将方波电压转换成三角波电压，应选用_____。

　　A. 反相比例运算电路　　　　　　　　　B. 积分运算电路

　　C. 微分运算电路　　　　　　　　　　　D. 加法运算电路

　　答案：B

26. 欲将方波电压转换成尖顶波电压，应选用_____。

　　A. 反相比例运算电路　　　　　　　　　B. 积分运算电路

　　C. 微分运算电路　　　　　　　　　　　D. 加法运算电路

　　答案：C

27. 以下集成运算放大电路中，处于非线性工作状态的是_____。

　　A. 反相比例放大电路　　B. 同相比例放大电路　　C. 同相电压跟随器　　　D. 过零电压比较器

　　答案：D

28. 集成运算放大器的组成比较器必定_____。

　　A. 无反馈　　　　　　　　　　　　　　B. 有正反馈

　　C. 有负反馈　　　　　　　　　　　　　D. 无反馈或有正反馈

　　答案：D

29. 二进制是以 2 为基数的进位数制，一般用字母_____表示。

　　A. H　　　　　　　　B. B　　　　　　　　C. A　　　　　　　　D. O

　　答案：B

30. 一位十六进制数可以用_____位二进制来表示。

　　A. 1　　　　　　　　B. 2　　　　　　　　C. 4　　　　　　　　D. 16

答案：C

31. 下列说法中与 BCD 码的性质不符的是_____。

A. 一组四位二进制数组成的码只能表示一位十进制数

B. BCD 码是一种人为选定的 0～9 十个数字的代码

C. BCD 码是一组四位二进制数，能表示十六以内的任何一个十进制数

D. BCD 码有多种

答案：B

32. 对于与门来讲，其输入-输出关系为_____。

A. 有 1 出 0   B. 有 0 出 1   C. 全 1 出 1   D. 全 1 出 0

答案：C

33. 一个四输入与非门，使其输出为 **0** 的输入变量取值组合有_____种。

A. 15   B. 8   C. 7   D. 1

答案：D

34. 用集成运算放大器组成的电平比较器电路工作于_____。

A. 线性状态   B. 开关状态   C. 放大状态   D. 饱和状态

答案：B

35. 在下面各种电压比较器中，抗干扰能力最强的是_____。

A. 过零比较器   B. 单限比较器   C. 双限比较器   D. 滞回比较器

答案：D

36. 用运算放大器组成的锯齿波发生器，一般由_____两部分组成。

A. 积分器和微分器   B. 微分器和比较器

C. 积分器和比较器   D. 积分器和差动放大

答案：C

37. 数字电路中的工作信号为_____。

A. 随时间连续变化的信号   B. 脉冲信号

C. 直流信号   D. 开关信号

答案：D

38. 采用触发器的数字电路属于_____。

A. 组合逻辑电路 B. 时序逻辑电路 C. 逻辑电路 D. 门电路

答案：B

39. 一个四输入与非门，使其输出为 **1** 的输入变量取值组合有_____种。

A. 15   B. 8   C. 7   D. 1

答案：D

40. 若将一个 TTL 异或门（输入端为 **A、B**）当作反相器使用，则 **A、B** 端_____连接。

A. 有一个接 1 B. 有一个接 0 C. 关联使用 D. 不能实现

答案：A

41. 由函数式 $Y=A/B+BC$ 可知，只要 $A=0$，$B=1$，输出 Y 就_____。

A. 等于 0   B. 等于 1

C. 不一定，要由 C 值决定   D. 等于 BC

答案：C

42. 下列说法正确的是_____。

    A. 已知逻辑函数 $A+B=AB$，则 $A=B$

    B. 已知逻辑函数 $A+B=A+C$，则 $B=C$

    C. 已知逻辑函数 $AB=AC$，则 $B=C$

    D. 已知逻辑函数 $A+B=A$，则 $B=1$

    答案：A

43. 已知 $Y=A+BC$，则下列说法正确的是_____。

    A. 当 $A=0$，$B=1$，$C=0$ 时，$Y=1$ B. 当 $A=0$，$B=0$，$C=1$ 时，$Y=1$

    C. 当 $A=1$，$B=0$，$C=0$ 时，$Y=1$ D. 当 $A=1$，$B=0$，$C=0$ 时，$Y=0$

    答案：C

44. 已知 TTL 与非门电源电压为 5V，则它的输出高电平为_____ **V**。

    A. 3.6   B. 0   C. 1.4   D. 5

    答案：A

45. 门电路的传输特性是指_____。

    A. 输出端的伏安特性   B. 输入端的伏安特性

    C. 输出电压与输入电压之间的关系   D. 输出电流与输入电流之间的关系

    答案：C

46. 三态门的第三种输出状态是_____。

    A. 高阻状态   B. 低电平   C. 零电平   D. 高电平

    答案：A

47. 在四变量卡诺图中，逻辑上不相邻的一组最小项为_____。

    A. M1 与 M3   B. M4 与 M6   C. M5 与 M13   D. M2 与 M8

    答案：D

48. TTL 集成门电路是指_____。

    A. 二极管-三极管集成门电路   B. 晶体管-晶体管集成门电路

    C. N 沟道场效应管集成门电路   D. P 沟道场效应管集成门电路

    答案：B

49. 集电极开路输出的 TTL 门电路需要_____电阻，接在输出端和＋5V 电源之间。

    A. 集电极   B. 基极   C. 发射极   D. 栅极

    答案：A

50. COMS 集成逻辑门电路内部是以_____为基本元件构成的。

    A. 二极管   B. 三极管   C. 晶闸管   D. 场效应管

    答案：D

51. CMOS 数字集成电路与 TTL 数字集成电路相比突出的优点是_____。

    A. 微功耗   B. 高速度   C. 高抗干扰能力   D. 电源范围宽

    答案：A

52. CMOS74HC 系列逻辑门与 TTL74LS 系列逻辑门相比，工作速度_____和静态功率损

    耗_____。

    A. 低、低   B. 不相上下、远低   C. 高、远低   D. 高、不相上下

    答案：C

53. 组合逻辑门电路在任意时刻的输出状态，只取决于该时刻的_____。

　　A. 电压高低　　　　　　B. 电流大小　　　　　　C. 输入状态　　　　　　D. 电路状态

　　答案：C

54. 组合逻辑电路通常由_____组合而成。

　　A. 门电路　　　　　　B. 触发器　　　　　　C. 计数器　　　　　　D. 寄存器

　　答案：A

55. 编码器的逻辑功能是_____。

　　A. 把某种二进制代码转换成某种输出状态

　　B. 把某种状态转换成相应的二进制代码

　　C. 把二进制数转成十进制数

　　D. 把十进制数转成二进制数

　　答案：B

56. 一位 8421BCD 码译码器的数据输入线与译码输出线的组合是_____。

　　A. 4—6　　　　　　B. 1—10　　　　　　C. 4—10　　　　　　D. 2—4

　　答案：C

57. 八选一数据选择器，当选择码 S2、S1、S0 为 1、1、0 时，_____。

　　A. 选择数据从 Y3 输出　　　　　　　　B. 选择数据从 I3 输出

　　C. 选择数据从 Y6 输出　　　　　　　　D. 选择数据从 I6 输出

　　答案：D

58. 7 段码译码器当输入二进制数为 0001 时，7 段码显示为_____。

　　A. b，c　　　　　　B. f，e　　　　　　C. a，d　　　　　　D. b，d

　　答案：A

59. 一个四选一数据选择器，其地址输入端有_____个。

　　A. 16　　　　　　B. 2　　　　　　C. 4　　　　　　D. 8

　　答案：B

60. 真空三极管具有阳极、阴极和_____。

　　A. 发射极　　　　　　B. 栅极　　　　　　C. 控制极　　　　　　D. 基极

　　答案：B

61. 时序逻辑电路中一定含_____。

　　A. 触发器　　　　　　B. 组合逻辑电路　　　　　　C. 移位寄存器　　　　　　D. 译码器

　　答案：A

62. 根据触发器的_____，触发器可分为 RS 触发器、JK 触发器、D 触发器等。

　　A. 电路结构　　　　　　B. 电路结构逻辑功能　　　C. 逻辑功能　　　　　　D. 用途

　　答案：C

63. 已知 R、S 是与非门构成的基本 RE 触发器的输入端，则约束条件为_____。

　　A. $RS=0$　　　　　　B. $R+S=1$　　　　　　C. $R+S=0$　　　　　　D. $RS=1$

　　答案：B

64. 触发器的 Rd 端是_____。

　　A. 高电平直接置零端　　　　　　　　B. 高电平直接置 1 端

　　C. 低电平直接置零端　　　　　　　　D. 低电平直接置 1 端

答案：A

65. 维持-阻塞 D 触发器是_____。

    A. 上升沿触发   B. 下降沿触发   C. 高电平触发   D. 低电平触发

    答案：A

66. 四位并行输入寄存器输入一个新的四位数据时，需要_____个 **CP** 时钟脉冲信号。

    A. 0   B. 1   C. 2   D. 4

    答案：B

67. _____触发器可以用构成移位寄存器。

    A. 基本 RS   B. 同步 RS   C. 同步 D   D. 边沿 D

    答案：D

68. T 触发器中，当 $T=1$ 时，触发器实现_____功能。

    A. 置 1   B. 置 0   C. 计数   D. 保持

    答案：C

69. CC40914 的控制信号 $S1=0$、$S0=1$ 时，它所完成的功能是_____。

    A. 保持   B. 并行输入   C. 左移   D. 右移

    答案：D

70. 同步计数器是指_____的计数器。

    A. 由同类型的触发器构成

    B. 各触发器时钟端连在一起，统一由系统时钟控制

    C. 可用前级的输出做后级触发器的时钟

    D. 可用后级的输出做前级触发器的时钟

    答案：B

71. 同步时序电路和异步时序电路比较，其差异在于后者_____。

    A. 没有触发器   B. 没有统一的时钟脉冲控制

    C. 没有稳定状态   D. 输出只与内部状态有关

    答案：B

72. 在异步二进制计数器中，从 0 开始计数，当十进制数为 **60** 时，需要触发器的个数为_____个。

    A. 4   B. 5   C. 6   D. 8

    答案：C

73. 集成计数器 **40192** 置数方式是_____。

    A. 同步 0 有效   B. 异步 0 有效   C. 异步 1 有效   D. 同步 1 有效

    答案：B

74. 由 3 级触发器构成的环形计数器的计数模值为_____。

    A. 9   B. 8   C. 6   D. 3

    答案：D

75. 由 n 位寄存器组成的扭环移位寄存器，可以构成_____进制计数器。

    A. n B. $2n$ C. $4n$ D. $6n$

    答案：B

76. 555 定时器中的缓冲器的作用是_____。

A. 反相   B. 提高带负载能力

C. 隔离   D. 提高带负载能力，同时具有隔离作用

答案：D

77. 多谐振荡器有_____。

    A. 两个稳定状态   B. 一个稳定状态，一个暂稳态

    C. 两个暂稳态   D. 记忆二进制数的功能

    答案：C

78. 石英多晶体多谐振荡器的输出频率取决于_____。

    A. 晶体的固有频率和 RC 参数   B. 晶体的固有频率

    C. 门电路的传输时间   D. RC 参数

    答案：B

79. 施密特触发器的主要特点是_____。

    A. 有两个稳态   B. 有两个暂稳态   C. 有一个暂稳态   D. 有一个稳态

    答案：A

80. 环形振荡器是利用逻辑门电路的_____，将奇数个反相器首尾相连构成一个最简单的环形振荡器。

    A. 传输特性   B. 门槛电平   C. 扇出系数   D. 传输延迟时间

    答案：D

81. 单稳态触发器的主要用途是_____。

    A. 产生锯齿波   B. 产生正弦波   C. 触发   D. 整形

    答案：D

82. 整流二极管属_____器材。

    A. 不控型   B. 半控型   C. 全控型   D. 复合型

    答案：A

83. 用于工频整流的功率二极管也称为_____。

    A. 整流管   B. 检波管   C. 闸流管   D. 稳压管

    答案：A

84. 当阳极和阴极之间加上正向电压而控制极不加任何信号时，晶闸管处于_____。

    A. 导通状态   B. 关断状态   C. 不确定状态   D. 低阻状态

    答案：B

85. 晶闸管的导通条件是_____和控制极上同时加上正向电压。

    A. 阳极   B. 阴极   C. 门极   D. 栅极

    答案：A

86. 晶闸管的关断条件是阳极电流小于管子的_____。

    A. 擎住电流   B. 维持电流   C. 触发电流   D. 关断电流

    答案：B

87. 若晶闸管正向重复峰值电压为 **500V**，反向重复峰值电压为 **700V**，则该晶闸管的额定电压是_____**V**。

    A. 200   B. 500   C. 700   D. 1200

    答案：B

88. 在晶闸管的电流上升到其_____电流后，去掉门极触发信号，晶闸管仍能维导通。

    A. 维持电流   B. 擎住电流   C. 额定电流   D. 触发电流

    答案：B

89. 若流过晶闸管的电流的波形系数为 1.11，则其对应的电波波形为_____。

    A. 全波   B. 半波

    C. 导通角为 120°的方波   D. 导通角为 90°的方波

    答案：A

90. 将万用表置于 $R \times 1k\Omega$ 或 $R \times 10k\Omega$ 挡，测量晶闸管阳极和阴极之间的反向阻值时，原则上其_____。

    A. 越大越好   B. 越小越好

    C. 正向时要小，反向时要大   D. 正向时要大，反向时要小

    答案：A

91. 下列电力电子器件中不属于全控型器件的是_____。

    A. SCR   B. GTO   C. GTR   D. IGBT

    答案：A

92. 下列全控型开关器件中属于电压型驱动的有_____。

    A. GTR   B. GTO   C. MOSFET   D. 达林顿管

    答案：C

93. 三相半波可控整流电路带阻性负载时，若触发脉冲（单窄脉冲）加于自然换相点之前，则输出电压波形将_____。

    A. 很大   B. 很小   C. 出现缺相现象   D. 变为最大

    答案：C

94. 555 定时器构成的多谐振荡电路的脉冲频率由_____决定。

    A. 输入信号   B. 输出信号

    C. 电路充放电电阻及电容   D. 555 定时器结构

    答案：C

95. 当 74LS94 的控制信号为 11 时，该集成移位寄存器处于_____状态。

    A. 左移   B. 右移   C. 保持   D. 并行置数

    答案：D

96. 当 74LS94 的 Q0 经非门的输出与 SL 相连时，电路实现的功能为_____。

    A. 左移扭环形计数器   B. 右移扭环形计数器

    C. 保持   D. 并行置数

    答案：A

97. 三相半波可控整流电路带大电感负载时，在负载两端_____续流二极管。

    A. 必须要接   B. 不可接   C. 可接可不接   D. 应串接

    答案：C

98. 三相半波可控整流电路中，变压器次级相电压为 200V，带大电感负载，无续流二极管，当 $a = 60°$ 时的输出电压为_____V。

    A. 100   B. 117   C. 200   D. 234

    答案：B

99. 三相半波可控整流电路，变压器次级相电压有效值为 **100V**，负载中流过的最大电流有效值为 **157A**，考虑 **2** 倍的安全裕量，晶闸管应选择_____型。

A. KP200—10　　　　B. KP200—1　　　　C. KP200—5　　　　D. KS200—5

答案：C

100. 三相半控桥式整流电路电感性负载，每个二极管电流平均值是输出电流平均值的_____。

A. 1/4　　　　B. 1/3　　　　C. 1/2　　　　D. 1/6

答案：B

101. 三相全控桥式整流电路由三只共阴极晶闸管与三只共阳极_____组成。

A. 场效应管　　　　B. 二极管　　　　C. 三极管　　　　D. 晶闸管

答案：D

102. 在三相桥式全控整流电路中，两组三相半波电路是_____工作的。

A. 同时并联　　　　B. 同时串联　　　　C. 不能同时并联　　　　D. 不能同时串联

答案：B

103. 三相桥式全控整流电路带大电感负载时，晶闸管的导通规律为_____。

A. 每隔 120° 换相一次，每个管子导通 60°

B. 每隔 60° 换相一次，每个管子导通 120°

C. 同一相中两个管子的触发脉冲相隔 120°

D. 同一相中相邻两个管子的触发脉冲相隔 60°

答案：B

104. 三相半控桥式整流电路由三只共阴极晶闸管和三只_____功率二极管组成。

A. 共阴极　　　　B. 共阳极　　　　C. 共基极　　　　D. 共门极

答案：B

105. 三相全控桥式整流电路带大电感负载，已知 $U_2=200V$，$R_d=5\Omega$，则流过负载的最大电流平均值为_____ **A**。

A. 93.6　　　　B. 57.7　　　　C. 40　　　　D. 23

答案：A

106. 三相全控桥式整流电路（无续流二极管），当负载上的电流有效值为 I 时，流过每个晶闸管的电流有效值为_____。

A. 0.707I　　　　B. 0.577I　　　　C. 0.333I　　　　D. 0167I

答案：B

107. 集成译码器 **74LS42** 是_____译码器。

A. 变量　　　　B. 显示　　　　C. 符号　　　　D. 120°

答案：D

108. 三相桥式全控整流电路晶闸管应采用_____触发。

A. 单窄脉冲　　　　B. 尖脉冲　　　　C. 双窄脉冲　　　　D. 脉冲列

答案：C

109. 带电阻性负载的三相桥式半控整流电路，一般都由_____组成。

A. 六个二极管　　　　　　　　　B. 三个二极管和三个晶闸管

C. 六个晶闸管　　　　　　　　　D. 六个三极管

答案：B

110. 三相可控整流出发电路调试时，要使每相输出的两个窄脉冲（双脉冲）之间相差_____。

A. 60°　　　　　　B. 120°　　　　　　C. 90°　　　　　　D. 180°

答案：A

111. 三相半控桥式整流电路接感性负载，当控制角 $\alpha = 0°$ 时，输出平均电压为 **234V**，则变压器二次变压有效值 U_2 为_____ **V**。

A. 100　　　　　　B. 117　　　　　　C. 200　　　　　　D. 234

答案：A

112. 三相桥式半控整流电路带电阻负载，每个晶闸管流过的平均电流是负载电流的_____。

A. 1 倍　　　　　　B. 1/2　　　　　　C. 1/3　　　　　　D. 1/3 或不到 1/3

答案：D

113. 带平衡电抗器的双反星形可控整流电路带电感负载时，任何时刻都有_____同时导通。

A. 1 个晶闸管　　　　　　　　　　B. 2 个晶闸管同时

C. 3 个晶闸管同时　　　　　　　　D. 4 个晶闸管同时

答案：B

114. 带平衡电抗器的三相双反星形可控整流电路中，平衡电抗器的作用是使两组三相半波可控整流电路_____。

A. 相串联　　　　　　　　　　　　B. 脉冲信号

C. 单独输出　　　　　　　　　　　D. 以 180° 相位差并联同时工作

答案：D

115. 带平衡电抗器的三相双反星形可控整流电路中，每个晶闸管流过的平均电流是负载电流的_____。

A. 1/2　　　　　　B. 1/3　　　　　　C. 1/4　　　　　　D. 1/6

答案：D

116. 在带平衡电抗器的双反星形可控整流电路中_____。

A. 存在直流磁化问题　　　　　　　B. 不存在直流磁化问题

C. 存在直流磁化损耗　　　　　　　D. 不存在交流磁化问题

答案：B

117. 变压器存在漏抗是整流电路中换相压降产生的_____。

A. 结果　　　　　　B. 原因　　　　　　C. 过程　　　　　　D. 特点

答案：B

118. 整流电路在换流过程中，两个相邻相的晶闸管同时导通的时间用电角度表示称为_____。

A. 导通角　　　　　　B. 逆变角　　　　　　C. 换相重叠角　　　　　　D. 控制角

答案：C

119. 相控整流电路对直流负载来说是一个带内阻的_____。

A. 直流电源　　　　　B. 交流电源　　　　　C. 可变直流电源　　　　　D. 可变电源

答案：C

120. 晶闸管可控整流电路承受的过电压为_____。

A. 换相过电压、交流侧过电压与直流侧过电压

B. 换相过电压、关断过电压与直流侧过电压

C. 交流过电压、操作过电压与浪涌过电压

D. 换相过电压、操作过电压与交流侧过电压

答案：A

121. _____是晶闸管装置常采用的过电压保护措施之一。

A. 热敏电阻　　　　　　　　　　　B. 硅堆

C. 阻容吸收　　　　　　　　　　　D. 灵敏过电流继电器

答案：C

122. 晶闸管装置常用的过电流保护措施除了直流快速开关、快速熔断器，还有_____。

A. 压敏电阻　　　　　　　　　　　B. 电流继电器

C. 电流检测的过电流继电器　　　　D. 阻容吸收

答案：C

123. 在晶闸管可控整流电路中，快速熔断器可安装在_____。

A. 直流侧与直流快速开关并联　　　B. 交流电源进线处

C. 桥臂上与晶闸管并联　　　　　　D. 桥臂上与晶闸管串联

答案：D

124. 通过晶闸管的通态电流上升率过大，可能会造成晶闸管因局部过热而损坏，而加到晶闸管阳极上的电压上升率过大，可能会造成晶闸管的_____。

A. 误导通　　　　B. 短路　　　　C. 失控　　　　D. 不能导通

答案：A

125. 为保证晶闸管装置能正常可靠地工作，触发电路除了要有足够的触发功率，触发脉冲具有一定的宽度及陡峭的前沿外，还应满足_____的需要。

A. 触发信号应保持足够的时间

B. 触发脉冲波形必须是尖脉冲

C. 触发脉冲后沿也应陡峭

D. 触发脉冲必须与晶闸管的阳极电压同步

答案：D

126. 常用的晶闸管触发电路按同步信号的形式不同，分为正弦波及_____触发电路。

A. 梯形波　　　　B. 锯齿波　　　　C. 方波　　　　D. 三角波

答案：B

127. 晶闸管触发电路一般由脉冲形成、脉冲放大输出、_____等基本环节组成。

A. 同步触发　　　B. 同步移相　　　C. 同步信号产生　　D. 信号综合

答案：B

128. 同步信号为锯齿波的晶体管触发电路，以锯齿波为基准，再串入_____以实现晶闸管触发脉冲的移相。

A. 交流控制电压　　B. 直流控制电压　　C. 脉冲信号　　　D. 锯齿波电压

答案：B

129. 在晶闸管触发电路中，直接与直接控制电压进行叠加实现脉冲移相的是_____。

    A. 直流偏移电压　　　　B. 锯齿波信号　　　　C. 同步信号　　　　D. 同步电压

    答案：C

130. 采用正弦波同步触发电路的可控整流装置可看成一个_____。

    A. 直流偏移电压　　　　B. 线性放大器　　　　C. 恒流源　　　　D. 非线性放大器

    答案：B

131. 锯齿波同步触发电路具有强触发、双脉冲、_____等辅助环节。

    A. 同步触发　　　　B. 锯齿波形成　　　　C. 脉冲列调制　　　　D. 脉冲封锁

    答案：D

132. 用 TC787 集成触发器组成的六路双脉冲触发电路，具有_____的脉冲封锁功能。

    A. 低电平有效　　　　B. 高电平有效　　　　C. 上升沿有效　　　　D. 下降沿有效

    答案：B

133. 在大功率晶闸管触发电路中，常采用脉冲列式触发器，其目的是减小触发电源功率，减小脉冲变压器的体积，还能_____。

    A. 减小触发电路元器件数量　　　　　　B. 省去脉冲形成电路

    C. 提高脉冲前沿陡度　　　　　　　　　D. 扩展移相范围

    答案：C

134. 晶闸管整流电路中"同步"的概念是指_____。

    A. 触发脉冲与主回路电源电压同时到来，同时消失

    B. 触发脉冲与电源电压频率相等

    C. 触发脉冲与主回路电源电压在频率和相位上具有相互协调配合的关系

    D. 控制角大小随电网电压波动而自动调节

    答案：C

135. 晶闸管整流电路中，通常采用主电路与触发电路使用同一电网电源，以及通过同步变压器不同的接线组别，并配合_____的方法来实现同步。

    A. 电阻分压　　　　B. 电感滤波　　　　C. 阻容移相　　　　D. 中心抽头

    答案：C

136. 触发电路中脉冲变压器的主要作用是_____。

    A. 提供脉冲传输的通道　　　　　　　　B. 阻抗匹配，降低脉冲电流增大输出电压

    C. 电气隔离　　　　　　　　　　　　　D. 输出多路脉冲

    答案：C

137. 在分析晶闸管三相有源逆变电路的波形时，控制角的大小是按下述_____计算的。

    A. 不论是整流电路还是逆变电路，都是从交流电压过零点开始向右计算

    B. 不论是整流电路还是逆变电路，都是从自然换相点开始向右计算

    C. 整流电路从自然换相点开始向右计算，逆变电路从自然换相点开始向左计算

    D. 整流电路从自然换相点开始向左计算，逆变电路从自然换相点开始向右计算

    答案：B

138. 能实现有源逆变的晶闸管电路为_____。

    A. 单相桥式半控电路　　　　　　　　　B. 三相桥式半控电路

    C. 三相半波电路　　　　　　　　　　　D. 带续流二极管的三相桥式全控电路

答案：C

139. 晶闸管变流电路工作在逆变状态时，造成逆变失败的主要原因有_____。

A. 控制角太小　　　B. 触发脉冲丢失　　　C. 变压器漏感　　　D. 负载太重

答案：B

140. 在晶闸管可逆线路中的静态环流一般可分为_____。

A. 瞬时脉动环流和直流平均环流　　　　B. 稳态环流和动态环流

C. 直流平均环流和直流瞬时环流　　　　D. 瞬时脉动环流和交流环流

答案：A

141. 电枢反并联配合控制有环流可逆系统，当电动机正向运行时，正组晶闸管变流器处于整流工作状态，反组晶闸管变流器处于_____。

A. 整流工作状态　　　　　　　　　B. 逆变工作状态

C. 待整流工作状态　　　　　　　　D. 待逆变工作状态

答案：D

142. 双向晶闸管的额定电流是_____。

A. 平均值　　　　B. 有效值　　　　C. 瞬时值　　　　D. 最大值

答案：B

143. 交流开交可用_____或者两个普通晶闸管反并联组成。

A. 单结晶体管　　　　　　　　　　B. 双向晶闸管

C. 二极管　　　　　　　　　　　　D. 双向触发二极管

答案：B

144. 调功器通常采用双向晶闸管组成，触发电路采用_____。

A. 单结晶体管触发电路　　　　　　B. 过零触发电路

C. 正弦波同步触发电路　　　　　　D. 锯齿波同步触发脉冲

答案：B

145. 单相交流调压电路带电阻负载时移相范围为_____。

A. $0°\sim90°$　　　B. $0°\sim120°$　　　C. $0°\sim180°$　　　D. $\varphi\sim180°$

答案：C

146. 单相交流调压电路带电感性负载时，可以采用_____触发。

A. 窄脉冲　　　　B. 宽脉冲　　　　C. 双窄脉冲　　　　D. 双宽脉冲

答案：B

147. 带中性线的三相交流调压电路，可以看作是_____的组合。

A. 三个单相交流调压电路

B. 两个单相交流调压电路

C. 一个单相交流调压电路和一个单相可控整流电路

D. 三个单相可控整流电路

答案：A

148. 三相三线交流调压电路不能采用_____触发。

A. 单宽脉冲　　　B. 双窄脉冲　　　C. 单窄脉冲　　　D. 脉冲列

答案：C

二、多选题

1. 带有反馈的电子电路包含有_____部分。

  A. 振荡电路   B. 基本放大电路   C. 反馈电路

  D. 加法电路   E. 减法电路

  答案：B，C

2. 下列说法正确的是_____。

  A. 负反馈能抑制反馈环内的干扰和噪声

  B. 负反馈能抑制输入信号所包含的干扰和噪声

  C. 负反馈主要用于振荡电路

  D. 负反馈主要用于放大电路

  E. 负反馈能增大净输入信号

  答案：A，D

3. 正反馈主要用于_____。

  A. 放大电路   B. 功放电路   C. 振荡电路   D. 滞回比较器   E. 谐波电路

  答案：C，D

4. 以下关于电压负反馈说法正确的是_____。

  A. 电压负反馈稳定的是输出电压

  B. 把输出电压短路后，如果反馈不存在了，则此反馈是电压反馈

  C. 电压负反馈稳定的是输入电压

  D. 把输出电压短路后，如果反馈仍存在，则此反馈是电压反馈

  E. 电压负反馈稳定的是输出电流

  答案：A，B

5. 以下关于电流负反馈说法正确的是_____。

  A. 把输出电压短路后，如果反馈不存在了，则此反馈是电流反馈

  B. 电流负反馈稳定的是输出电流

  C. 把输出电压短路后，如果反馈仍存在，则此反馈是电流反馈

  D. 电流负反馈稳定的是输入电流

  E. 电流负反馈稳定的是输出电压

  答案：B，C

6. 若反馈信号只与在输出回路的_____有关，则称为交流反馈，其作用是改善放大电路的交流性能。

  A. 交流电流量   B. 直流电压量   C. 直流电流量   D. 交流电压量   E. 电阻量

  答案：A，D

7. 若反馈信号只与在输出回路的_____有关，则称为直流反馈，其作用是稳定放大电路的直流工作状态。

  A. 交流电流量   B. 直流电压量   C. 直流电流量   D. 交流电压量   E. 电阻量

  答案：B，C

8. 以下关于串联反馈的说法_____是正确的。

  A. 串联负反馈提高放大器的输入电阻   B. 串联负反馈减小放大器的输入电阻

C.串联负反馈增大放大器的输出电阻　　　　D.串联负反馈能稳定放大倍数

E.串联负反馈减小放大器的输出电阻

答案：A，D

9. 以下关于并联反馈的说法_____是正确的。

A.并联负反馈提高放大器的输入电阻　　　　B.并联负反馈减小放大器的输入电阻

C.并联负反馈减小放大器的输出电阻　　　　D.并联负反馈能稳定放大倍数

E.并联负反馈增大放大器的输出电阻

答案：B，D

10. 以下关于负反馈对于放大倍数的影响说法_____是正确的。

A.能稳定放大倍数　　　　B.能减小放大倍数　　　　C.能增大放大倍数

D.对放大倍数无影响　　　　E.使放大倍数的稳定性变弱

答案：A，B

11. 以下关于直流负反馈作用的说法中_____是正确的。

A.能扩展通频带　　　　B.能抵制零漂　　　　C.能减小放大倍数

D.能稳定静态工作点　　　　E.能抑制噪声

答案：B，D

12. 交流负反馈对放大电路的影响有_____。

A.稳定放大倍数　　　　B.增大输入电阻　　　　C.改善失真

D.能定静态工作点　　　　E.扩展通频带

答案：A，C，E

13. 为了增大放大器的输入电阻和输出电阻，应该采用_____。

A.电流负反馈　　　　B.电压负反馈　　　　C.串联负反馈

D.电压并联负反馈　　　　E.串并联负反馈

答案：A，C

14. 以下关于负反馈对放大电路的影响的说法中，_____是正确的。

A.负反馈对放大电路性能的改善与反馈深度有关

B.负反馈对放大电路性能的改善与反馈深度无关

C.在运算放大器电路中，引入深度负反馈的目的之一，是使运算放大器工作在线性区，提高稳定性

D.在运算放大器电路中，引入深度负反馈的目的之一，是使运算放大器工作在非线性区，提高稳定性

答案：A，C

15. 以下关于深度反馈放大电路的说法中，_____是正确的。

A.在深度负反馈条件下，串联负反馈放大电路的输入电压与反馈电压近似相等

B.在深度负反馈条件下，串联负反馈放大电路的输入电流与反馈电流近似相等

C.在深度负反馈条件下，并联负反馈电路的输入电压与反馈电压近似相等

D.在深度负反馈条件下，并联负反馈电路的输入电流与反馈电流近似相等

E.在深度负反馈条件下，串联负反馈放大电路的输入电压与反馈电压相等

答案：A，D

16. 以下情况中，_____有可能使多级负反馈放大器产生高频自激。

A. 2级放大器   B. 附加相移达到以上180°   C. 负反馈过深

D. 直接耦合   E. 附加相移小于90°。

答案：B，C

17. 消除放大器自激振荡的方法可采用_____。

A. 变压器耦合   B. 阻容耦合   C. 直接耦合

D. 校正电路   E. 去耦电路

答案：D，E

18. 集成运算放大器采用的结构是_____。

A. 输入为差动放大   B. 恒流源偏置   C. 直接耦合

D. 射极输出   E. 电感滤波

答案：A，B，C，D

19. 运算放大器的_____越大越好。

A. 开环放大倍数   B. 共模抑制比   C. 输入失调电压

D. 输入偏置电流   E. 输入电阻

答案：A，B，E

20. 集成运算放大器的线性应用电路存在_____的现象。

A. 虚短   B. 虚断   C. 无地   D. 虚地   E. 实地

答案：A，B，D

21. 运算放大器组成的反相比例放大电路的特征是_____。

A. 串联电压负反馈   B. 并联电压负反馈   C. 虚地

D. 虚断   E. 虚短

答案：B，C，D，E

22. 运算放大器组成的同相比例放大电路的特征是_____。

A. 串联电压负反馈   B. 并联电压负反馈   C. 虚地

D. 虚断   E. 虚短

答案：A，D

23. 集成运算放大器的应用有_____。

A. 放大器   B. 模拟运算（加法器、乘法器、微分器、积分器）

C. A/D 转换器   D. 比较器   E. 耦合器

答案：A，B，D

24. 运算放大器组成的积分器，电阻 $R=20\text{k}\Omega$，电容 $C=0.1\mu\text{F}$，在输入电压为 0.2V 时，经过 **50ms** 时间后可能使输出电压_____。

A. 从 0V 升高到 5V   B. 从 5V 降低到 0V   C. 从 2V 降低到 -5V

D. 从 6V 降低到 1V   E. 不变

答案：B，D

25. 微分器具有_____的功能。

A. 将方波电压转换成尖顶波电压   B. 将三角波电压转换成方波电压

C. 将尖顶波电压转换成方波电压   D. 将方波电压转换成三角波电压

E. 将尖顶波电压转换成三角波电压

答案：A，D

26. _____属于集成运算放大器的非线性应用电路。

A. 反相比例放大电路　　　B. 同相比例放大电路　　　C. 同相型滞回比较器

D. 反相型滞回比较器　　　E. 同相电压跟随器

答案：C，D

27. 集成运算放大器组成的比较器必定_____。

A. 无反馈　　　B. 有正反馈　　　C. 有负反馈　　　D. 有深度负反馈　　　E. 开环

答案：A，B，E

28. 电平比较器的主要特点有_____。

A. 抗干扰能力强　　　　B. 灵敏度高　　　　C. 灵敏度低

D. 用作波形变换　　　　E. 抗干扰能力弱

答案：B，D

29. 集成运算放大器组成的滞回比较器必定_____。

A. 无反馈　　　　B. 有正反馈　　　　C. 有负反馈

D. 无反馈或有负反馈　　　E. 电压正反馈

答案：B，E

30. 用运算放大器组成的矩形波发生器，一般由_____两部分组成。

A. 积分器　　　B. 微分器　　　C. 比较器　　　D. 差动放大　　　E. 加法器

答案：A，C

31. 与模拟电路相比，数字电路主要的优点有_____。

A. 容易设计　　　B. 通用性强　　　C. 保密性好　　　D. 抗干扰能力强　　E. 针对性强

答案：B，C，D，E

32. 属于时序逻辑电路的有_____。

A. 寄存器　　　B. 全加器　　　C. 译码器　　　D. 计数器　　　E. 累加器

答案：A，D

33. 在数字电路中，常用的计数制除十进制外，还有_____。

A. 二进制　　　B. 八进制　　　C. 十六进制　　　D. 二十四进制　　　E. 三十六进制

答案：A，B，C

34. 常用的 BCD 码有_____。

A. 奇偶校验码　　　B. 格雷码　　　C. 8421 码　　　D. 余三码　　　E. 摩思码

答案：C，D

35. 用二极管可构成简单的_____。

A. 与门电路　　　B. 或门电路　　　C. 非门电路　　　D. 异或门电路　　　E. 门电路

答案：A，D

36. 对于与非门来讲，其输入-输出关系为_____。

A. 有 1 出 0　　　B. 有 0 出 1　　　C. 全 1 出 1　　　D. 全 1 出 0　　　E. 有 1 出 1

答案：B，D

37. 在_____的情况下，"或非"运算的结果是逻辑 0。

A. 全部输入是 0　　　　B. 全部输入是 1　　　　C. 任一输入为 0，其他输入为 1

D. 任一输入为 1　　　　E. 任一输入为 1，其他输入为 0

答案：B，C，D，E

38. 表示逻辑函数功能的常用方法有_____等。

    A. 真值表　　　　B. 逻辑图　　　　C. 波形图　　　　D. 卡诺图　　　　E. 梯形图

    答案：A，B，C，D

39. 逻辑变量的取值 1 和 0 可以表示_____。

    A. 开关的闭合、断开　　　　B. 电位的高低　　　　C. 真与假

    D. 电流的有、无　　　　E. 变量的大与小

    答案：A，B，C，D

40. 下列说法正确的是_____。

    A. $AB=BA$　　　　B. $A+B=B+A$　　　　C. $AA=A$

    D. $AA=A2$　　　　E. $A+A=2A$

    答案：A，B，C

41. _____式是四变量 A、B、C、D 的最小项。

    A. ABC　　　　B. $A+B+C+D$　　　　C. $ABCD$　　　　D. A/BCD　　　　E. ABD

    答案：C，D

42. 下列说法错误的是_____。

    A. 双极型数字集成门电路是以场效应管为基本器件构成的集成电路

    B. TTL 逻辑门电路是以晶体管为基本器件构成的集成电路

    C. CMOS 集成门电路集成度高，但功耗较高

    D. CMOS 集成门电路集成度高，但功耗较低

    E. TTL 集成门电路集成度高，但功耗较低

    答案：A，C，E

43. 下列说法错误的是_____。

    A. 一般 TTL 逻辑门电路的输出端彼此可以并接

    B. TTL 与非门的；输入伏安特性是指输入电压与输入电流之间的关系曲线

    C. 输入负载特性是指输入端对地接入电阻 R 时，输入电流随 R 变化的关系曲线

    D. 电压传输特性是指 TTL 与非门的输入电压与输入电流之间的关系

    E. 一般 TTL 逻辑门电路的输入端彼此可以并接

    答案：A，B，C，D

44. 三态门的输出状态共有_____。

    A. 高电平　　　　B. 低电平　　　　C. 零电平　　　　D. 高阻　　　　E. 低阻

    答案：A，B，D

45. OC 门输出端的公共集电极电阻的大小必须选择恰当，因为_____。

    A. RC 过大则带拉电流负载时，输出的高电平将会在 RC 上产生较大的压降

    B. RC 过大则带拉电流负载时，输出的低电平将会在 RC 上产生较大的压降

    C. RC 过小则输出低电平时，将产生较大的灌电流

    D. RC 过小则输出低电平时，将产生较小的灌电流

    E. RC 很大则带拉电流负载时，输出的低电平将会在 RC 上产生较大的压降

    答案：A，E

46. 对于 TTL 与非门闲置输入端的处理，可以_____。

    A. 接电源　　　　B. 通过 $3k\Omega$ 电阻接电源　　　　C. 接地

D. 与有用输入端并联　　　E. 接 0V

答案：A，B，D

47. 按照导电沟道的不同，MOS 管可分为_____。

　　A. NMOS　　　　B. PMOS　　　　C. CMOS　　　　D. DMOS　　　　E. SMOS

答案：A，B

48. COMS 非门在静态时，电路的一对管子 VN 和 VP 总是_____。

　　A. 两个均截止　　　　　　B. 两个均导通　　　　　　C. 一个截止

　　D. 一个导通　　　　　　E. 两个均导通或两个均截止

答案：C，D

49. CMOS 电路具有_____的优点。

　　A. 输出的高电平是电源电压，低电平是 0　　　　B. 门槛电平约为电源电压的 1/2

　　C. 门槛电平约为电源电压　　　　　　　　　　　D. 电源电压使用时较为灵活

　　E. 门槛电平约为 1.4V

答案：A，B，D

50. 关于 TTL 电路与 CMOS 电路性能的比较，_____说法是正确的。

　　A. TTL 电路输入端接高电平时有电流输入

　　B. CMOS 电路输入端接高电平时有电流输入

　　C. CMOS 电路输入端允许悬空，相当于输入高电平

　　D. TTL 电路输入端允许悬空，相当于输入高电平

　　E. TTL 电路输入端允许悬空，相当于输入低电平

答案：A，D

51. 下列说法错误的是_____。

　　A. 组合逻辑电路是指电路在任意时刻的稳定输出状态和同一时刻电路的输入信号，以及输入信号，作用前的电路状态均有关

　　B. 组合逻辑电路的特点是电路中没有反馈，信号是单方向传输的

　　C. 当只有一个输出信号时，电路为输入或输出组合逻辑电路

　　D. 组合逻辑电路的特点是电路是有反馈，信号是双向传输的

　　E. 组合逻辑电路的特点是电路中没有反馈，信号是双向传输的

答案：A，D

52. 以下属于组合逻辑电路的有_____。

　　A. 寄存器　　　　B. 全加器　　　　C. 译码器　　　　D. 数据选择器　　　　E. 数字比较器

答案：B，C，D，E

53. 下列说法正确的是_____。

　　A. 普通编码器的特点是在任一时刻只有一个输入有效

　　B. 普通编码器的特点是在任一时刻有多个输入有效

　　C. 优先编码器的特点是在任一时刻只有一个输入有效

　　D. 优先编码器的特点是在任一时刻有多个输入有效

　　E. 普通编码器的特点是在任一时刻只有两个输入有效

答案：A，C

54. 下列说法正确的是_____。

A. 与编码器功能相反的逻辑电路是基本译码器

B. 与编码器功能相反的逻辑电路是字符译码器

C. 译码器都带有使能端

D. 带有控制端的基本译码器可以组成数据分配器

E. 译码器都可以组成数据分配器

答案：A，D

55. 下列说法正确的是_____。

A. 带有控制端的基本译码器可以组成数据分配器

B. 带有控制端的基本译码器可以组成二进制编码器

C. 八选一数据选择器当选择码 S2、S1、S0 为 110 时，选择数据从 Y6 输出

D. 八选一数据选择器当选择码 S2、S1、S0 为 110 时，选择数据从 I6 输出

E. 基本译码器都可以组成数据分配器

答案：A，D

56. 关于数码管，_____的说法是正确的。

A. 共阳极的半导体数码管应该配用高电平有效的数码管译码器

B. 共阳极的半导体数码管应该配用低电平有效的数码管译码器

C. 共阴极的半导体数码管应该配用高电平有效的数码管译码器

D. 共阴极的半导体数码管应该配用低电平有效的数码管译码器

E. 半导体数码管应该配用低电平或高电平有效的数码管译码器

答案：B，C

57. 关于数据选择器，_____的说法是正确的。

A. 数据选择器的逻辑功能和数据分配器正好相反

B. 数据选择器的逻辑功能和译码器正好相反

C. 数据选择器 16 选 1 需要 4 位选择码

D. 数据选择器 8 选 1 需要 3 位选择码

E. 数据选择器 8 选 1 需要 4 位选择码

答案：A，C，D

58. 描述时序逻辑电路的方法有_____等几种。

A. 方程组   B. 状态转换真值表   C. 状态转换图

D. 时序图   E. 真值表

答案：B，C，D

59. 触发器的触发方式为_____。

A. 高电平触发   B. 低电平触发   C. 上升沿触发   D. 下降沿触发   E. 斜坡触发

答案：A，B，C，D

60. 基本 RS 触发器具有_____功能。

A. 置 0   B. 置 1   C. 翻转   D. 保持   E. 不定

答案：A，B，D

61. D 触发器具有_____功能。

A. 置 0   B. 置 1   C. 翻转   D. 保持   E. 不定

答案：A，B，C，D

62. JK 触发器具有_____功能。

    A. 置 0   B. 置 1   C. 翻转   D. 保持   E. 不定

    答案：A，B，C，D

63. T 触发器具有_____功能。

    A. 置 0   B. 置 1   C. 翻转   D. 保持   E. 不定

    答案：C，D

64. 数据寄存器具有_____功能。

    A. 寄存数码   B. 清除原有数码   C. 左移数码

    D. 右移数码   E. 双向移码

    答案：A，B

65. 集成移位寄存器 40194 的控制方式为_____。

    A. 左移   B. 右移   C. 保持   D. 并行置数   E. 置 0 或 1

    答案：A，B，C，D

66. 集成移位寄存器 40194 具有_____功能。

    A. 异步清零   B. 并行输入   C. 左移   D. 右移   E. 同步清零

    答案：A，B，C，D

67. 同步计数器的特点是_____。

    A. 各触发器 CP 端均接在一起   B. 各触发器的 CP 端并非都接在一起

    C. 工作速度高   D. 工作速度低   E. 工作频率高

    答案：A，C

68. 异步计数器的特点是_____。

    A. 各触发器 CP 端均接在一起   B. 各触发器的 CP 端并非都接在一起

    C. 工作速度高   D. 工作速度低

    E. 工作频率低

    答案：B，D

69. 异步二进制计数器基本计数单元是_____。

    A. T 触发器   B. 计数触发器   C. JK 触发器

    D. D 触发器   E. RS 触发器

    答案：C，D

70. 集成计数器 40192 具有_____功能。

    A. 异步清零   B. 并行置数   C. 加法计数   D. 减法计数   E. 同步清零

    答案：A，B，C，D

71. 环形计数器的特点是_____。

    A. 环形计数器的有效循环中，每个状态只含一个 1 或 0

    B. 环形计数器的有效循环中，每个状态只含一个 1

    C. 环形计数器的有效循环中，每个状态只含一个 0

    D. 环形计数器中，反馈到移位寄存器的串行输入端 Dn-1 的信号是取自 Q_0

    E. 环形计数器中，反馈到移位寄存器的串行输入端 Dn 的信号是取自 Q_0

    答案：B，D

72. 扭环形计数器的特点是_____。

A. 在扭环形计数器的有效循环中，只有一个触发器改变状态，所以不存在竞争，便不会出现冒险脉冲

B. 在扭环形计数器的有效循环中，只有一个触发器改变状态，所以虽然不存在竞争，但会出现冒险脉冲

C. 扭环形计数器中，反馈到移位寄存器的串行输入端 Dn-1 的信号不是取自 Q_0

D. 扭环形计数器中，反馈到移位寄存器的串行输入端 Dn-1 的信号是取自 Q_0

E. 扭环形计数器中，反馈到移位寄存器的串行输入端 Dn 的信号是取自 Q_0

答案：A，C

73. 555 定时器中的电路结构包含_____等部分。

A. 放电管   B. 电压比较器   C. 电阻分压器

D. 同步 RS 触发器   E. 基本 RS 触发器

答案：A，B，C，E

74. 矩形脉冲的参数有_____。

A. 周期   B. 占空比   C. 脉宽   D. 扫描期   E. 初相

答案：A，B，C

75. 以下_____是多谐振荡器。

A. RC 文氏桥式振荡器   B. 555 多谐振荡器   C. 石英晶体多谐振荡器

D. RC 环形振荡器   E. 运算放大器正弦波

答案：B，C，D

76. 施密特触发器的主要用途是_____。

A. 延时   B. 定时   C. 整形   D. 鉴幅   E. 鉴频

答案：C，D

77. 关于环形振荡器，以下_____说法是正确的。

A. 减小电容 C 的容量，可提高 RC 环形振荡器的振荡频率

B. 增大电容 C 的容量，可提高 RC 环形振荡器的振荡频率

C. 环形振荡器是利用逻辑门电路的传输特性，将奇数个反相器首尾相连构成一个最简单的环形振荡器

D. 减小电容 C 的容量，可提高 RC 环形振荡器的振荡频率

E. 环形振荡器是利用逻辑门电路的门槛电平，将奇数个反相器首尾相连构成一个最简单的环形振荡器

答案：C，E

78. 单稳态触发器的特点是_____。

A. 一个稳态，一个暂稳态

B. 外来一个负脉冲电路由稳态翻转到暂稳态

C. 暂稳态维持一段时间自动返回稳态

D. 外来一个正脉冲电路由稳态翻转到暂稳态

E. 两个暂稳态

答案：A，C

79. 单稳态触发器为改变输出脉冲宽度，则可以改变_____。

A. 电阻   B. 电源电压 U_{CC} C. 触发信号的宽度

D. 电容　　　　　　　　　E. 触发信号的时间

答案：A，C

80. _____属于半控型电力电子器材。

 A. 整流二极管　　　　　　　B. 晶闸管　　　　　　　C. 双向晶闸管

 D. 可关断晶闸管　　　　　　E. 电力晶体管

 答案：B，C

81. 功率二极管在电力电子电路中的用途有_____。

 A. 整流　　　　　B. 续流　　　　　C. 能量反馈　　　　D. 隔离　　　　　E. 提高电位

 答案：A，B，C

82. 当晶闸管分别满足_____时，可处于导通或阻断两种状态，可作为开关使用。

 A. 耐压条件　　　B. 续流条件　　　C. 导通条件　　　D. 关断条件　　　E. 逆变条件

 答案：C，D

83. 当晶闸管同时满足_____时，处于导通状态。

 A. 阳极和阴极之间加上正向电压　　　　B. 阳极和阴极之间加上反向电压

 C. 控制极不加任何信号　　　　　　　　D. 控制极加正向电压

 E. 控制极加反向电压

 答案：C，D

84. 当已导通的普通晶闸满足_____时，晶闸管将被关断。

 A. 阳极和阴极之间电流近似为零　　　　B. 阳极和阴极之间加上反向电压

 C. 阳极和阴极之间电压为零　　　　　　D. 控制极电压为零

 E. 控制极加反向电压

 答案：A，B，C

85. 晶闸管的额定电压是在_____中取较小的一个。

 A. 正向重复峰值电压　　　　　　　　　B. 正向转折电压

 C. 反向不重复峰值电压　　　　　　　　D. 反向重复峰值电压

 E. 反向击穿电压

 答案：A，D

86. 维持电流和擎住电流都表示使晶闸管维持导通的最小阳极电流，但它们应用的场合不同，分别用于判别晶闸管_____。

 A. 是否会误导通　　　　B. 是否会被关断　　　　　C. 是否能被触发导通

 D. 是否被击穿　　　　　E. 是否断路

 答案：B，C

87. 若流过晶闸管的电流的波形分别为全波、半波、导通角为120°的方波、导通角为90°的方波时，则对应的电流波形系数分别为_____。

 A. 1.11　　　　　B. 2.22　　　　　C. 1.57　　　　　D. 1.73　　　　　E. 1.41

 答案：A，C，D

88. 将万用表置于 $R \times 1k\Omega$ 或 $R \times 10k\Omega$，测量晶闸管阳极和阴极之间的正反向阻值时，可将万用表置于_____等挡。

 A. $R \times 1k\Omega$　　　　　B. $R \times 10k\Omega$　　　　　C. $R \times 10\Omega$

 D. 直流电压100V　　　E. 直流电流50mA

答案：A，B

89. 下列电力电子器件属于全控型器件的是_____。

A. SCR   B. GTO   C. GTR   D. MOSFET   E. IGBT

答案：B，C，D，E

90. 下列全控型开关器件中属于电流型驱动的有_____。

A. GTR   B. IGBT   C. MOSFET

D. 达林顿管   E. GOT(GTO)

答案：A，D，E

91. GTO 的门极驱动电路包括_____。

A. 开通电路   B. 关断电路   C. 反偏电路   D. 缓冲电路   E. 抗饱和电路

答案：A，B，C，D

92. 三相半波可控整流电路带大电感负载时，在负载两端_____。

A. 必须接续流二极管   B. 可以接续流二极管   C. 避免负载中电流断续

D. 防止晶闸管失控   E. 提高输出电压平均值

答案：B，E

93. 三相半波可控整流电路的输出电压与_____等因素有关。

A. 变压器二次相电压   B. 负载性质   C. 控制角大小

D. 是否接续流二极管   E. 晶闸管的额定电压

答案：A，B，C，D

94. 三相半波可控整流电路，变压器次级相电压有效值为 **200V**，负载中流过的最大电流有效值为 **157A**，考虑 **2** 倍的安全裕量，晶闸管的额定电压、额定电流应选择_____。

A. 500V   B. 1000V   C. 100A   D. 200A   E. 300A

答案：B，D

95. 三相半波可控整流电路中，晶闸管可能承受的最大反向电压与_____等因素有关。

A. 变压器的一次电压幅值   B. 负载性质

C. 控制角大小   D. 变压器变比

E. 晶闸管的通断状态

答案：A，D

96. 三相桥式全控整流电路可看作是_____串联组成的。

A. 共阴极接法的三相半波不可控整流电路

B. 共阴极接法的三相半波可控整流电路

C. 共阳极接法的三相半波不可控整流电路

D. 共阳极接法的三相半波可控整流电路

E. 两组相同接法的三相半波可控整流电路

答案：B，D

97. 三相桥式全控整流电路晶闸管应采用_____触发。

A. 单窄脉冲   B. 单宽脉冲   C. 双窄脉冲

D. 脉冲列   E. 双宽脉冲

答案：B，C

98. 带电阻性负载的三相桥式半控整流电路，一般都由_____组成。

A. 六个二极管　　　　　　B. 三个二极管　　　　　　C. 三个晶闸管

D. 六个晶闸管　　　　　　E. 四个二极管

答案：C，E

99. 三相半控桥式整流电路接电感性负载，变压器二次电压有效值 U_2 为 **100V**，当控制角 α 为 **0°** 及 **60°** 时，输出平均电压分别为_____。

A. 234V　　　　　B. 175.5V　　　　　C. 117V　　　　　D. 100V　　　　　E. 58.5V

答案：A，B

100. 带电感负载的三相桥式半控整流电路（接有续流二极管），当控制角分别为 **30°** 和 **90°** 时，每个晶闸管流过的平均电流分别是负载电流_____。

A. 1 倍　　　　　B. 1/2　　　　　C. 1/3　　　　　D. 1/4　　　　　E. 1/6

答案：C，D

101. 带平衡电抗器的双反星形可控整流电路带电感负载时，_____。

A. 6 个晶闸管按其序号依次超前 60° 被触发导通

B. 6 个晶闸管按其序号依次滞后 60° 被触发导通

C. 6 个晶闸管按其序号依次滞后 120° 被触发导通

D. 任何时刻都有 1 个晶闸管导通

E. 任何时刻都有两个晶闸管导通

答案：B，E

102. 带平衡电抗器的三相双反星形可控整流电路中，平衡电抗器的作用是_____。

A. 使两组三相半波可控整流电路相串联并且同时工作

B. 使两组三相半波可控整流电路以 180° 相位差相并联且同时工作

C. 使两组三相半波可控整流电路互不干扰，各自独立工作

D. 降低晶闸管电流的波形系数，使得可选用额定电流的较小的晶闸管

E. 提高晶闸管电流的波形系数，使得可选用额定电流的较小的晶闸管

答案：B，D

103. 带平衡电抗器的三相双反星形可控整流电路中（大电感负载），每个晶闸管流过的平均电流平均值及有效值分别是负载电流平均值的_____。

A. 0.5　　　　　B. 0.333　　　　　C. 0.167　　　　　D. 0.289　　　　　E. 0.577

答案：C，D

104. 在带平衡电抗器的双反星形可控整流电路中的输出电压，与三相半波可控整流电路相比，_____。

A. 脉动增大　　　　　　B. 脉动减小　　　　　　C. 每周期中波头数增加

D. 平均值提高　　　　　E. 平均值不变

答案：B，C，E

105. 若变压器存在漏抗，则使整流电路的输出电压_____。

A. 波头数增加　　　　　B. 波形中出现缺口　　　　　C. 平均值降低

D. 平均值提高　　　　　E. 变化迟缓

答案：B，C

106. 对整流电路换相重叠角名称的理解，应注意_____。

A. 发生在换流过程中

B. 发生在整流过程中

C. 晶闸管导通的时间用电角度表示

D. 两个晶闸管同时导通的时间用电角度表示

E. 两个相邻相的晶闸管同时导通的时间用电角度表示

答案：A，E

107. 相控整流电路对直流负载来说是一个_____电源。

A. 带内阻的　　　　　　B. 可调节的　　　　　　C. 直流

D. 交流　　　　　　E. 当负载交换时端电压恒定的

答案：A，B，C

108. 晶闸管可控整流电路承受的过电压有_____等。

A. 直流侧过电压　　　　B. 关断过电压　　　　C. 操作过电压

D. 浪涌过电压　　　　E. 瞬时过电压

答案：A，B

109. 晶闸管装置常采用的过电压保护有_____。

A. 压敏电阻　　　　　　B. 硒堆　　　　　　C. 阻容吸收

D. 灵敏过电流继电器　　E. 限流与脉冲移相

答案：A，B，C

110. 晶闸管装置常用的过电流保护措施有_____。

A. 直流快速开关　　　　B. 快速熔断器　　　　C. 电流检测的过电流继电器

D. 阻容吸收　　　　E. 过电流继电器

答案：A，B，C，E

111. 在晶闸管可控整流电路中，快速熔断器可安装在_____。

A. 直流侧　　　　　　B. 交流侧　　　　　　C. 桥臂上与晶闸管并联

D. 桥臂上与晶闸管串联　　E. 阻容吸收电路中

答案：A，B，D

112. 造成晶闸管误导通的主要原因有_____。

A. 通过晶闸管的通态电流上升率过大

B. 通过晶闸管的通态电流上升率过小

C. 干扰信号加于控制板

D. 加到晶闸管阳极上的电压上升率过大

E. 加到晶闸管阳极上的电压上升率过小

答案：C，D

113. 为保证晶闸管装置能正常可靠地工作，触发电路应满足_____等要求。

A. 触发信号应具有足够的功率

B. 触发脉冲应有一定的宽度

C. 触发脉冲前沿应陡峭

D. 触发脉冲必须与晶闸管的阳极电压同步

E. 触发脉冲应满足一定的移相范围要求

答案：A，B，C，D，E

114. 常用的晶闸管触发电路按同步信号的形式不同，分为_____触发电路。

A. 正弦波　　　　　B. 锯齿波　　　　　C. 方波　　　　　D. 三角波　　　　　E. 脉冲列

答案：A，B

115. 晶闸管触发电路一般由_____等基本环节组成。

A. 同步触发　　　　　　　B. 同步移相　　　　　　　C. 脉冲形成

D. 脉冲移相　　　　　　　E. 脉冲放大输出

答案：B，C，E

116. 同步信号为锯齿波的晶体管触发电路，以_____的方法实现晶闸管触发脉冲的移相。

A. 锯齿波为基准　　　　　B. 串入直流控制电压　　　　　C. 叠加脉冲信号

D. 正弦波同步电压为基准　　E. 串入脉冲封锁信号

答案：A，D

117. 同步信号与同步电压_____。

A. 有密不可分的关系　　　B. 二者的频率是相同的　　　C. 二者没有任何关系

D. 二者是同一个概念　　　E. 二者不是同一个概念

答案：A，B，E

118. 采用正弦波同步触发电路的可控整流装置具有_____等优缺点。

A. 可以看成一个线性放大器　　　　　　B. 可实际使用的移相范围达150°

C. 可实际使用的移相范围达180°　　　　D. 能对电网电压波动的影响自动进行调节

E. 同步电压易受电网电压波形畸变的影响

答案：A，B，D，E

119. 锯齿波同步触发电路具有_____等辅助环节。

A. 强触发　　　　　　　B. 双脉冲　　　　　　　C. 单脉冲

D. 脉冲封锁　　　　　　E. 脉冲列调制

答案：A，B，D

120. 用 TC787 集成触发器组成的六路双脉冲触发电路，具有_____的脉冲封锁功能。

A. 在 PC 端口　　　　　　B. 在 Pi 端口　　　　　　C. 在 CX 端口

D. 低电平有效　　　　　　E. 高电平有效

答案：B，E

121. 在大功率晶闸管触发电路中，常采用脉冲列式触发器，其目的是_____。

A. 减小触发电源功率　　　B. 减小脉冲变压器的体积　　　C. 提高脉冲前沿陡度

D. 扩展移相范围　　　　　E. 减小触发电路元器件数量

答案：A，B，C

122. 晶闸管整流电路中"同步"的概念，是指触发脉冲与主回路电源电压之间必须保持_____。

A. 相同的幅值　　　　　　B. 频率的一致性　　　　　　C. 相适应的相位

D. 相同的相位　　　　　　E. 相适应的控制范围

答案：B，C，E

123. 晶闸管整流电路中，通常采用主电路与触发电路并配合_____的方法来实现同步。

A. 使用同一电网电源　　　　　　　　　B. 同步变压器采取不同的接线组别

C. 阻容移相　　　　　　　　　　　　　D. 中心抽头

E. 同步电压直接取自整流变压器

答案：A，B，C

124. 触发电路中脉冲变压器的作用是_____。

　　A. 阻抗匹配，降低脉冲电压增大输出电流

　　B. 阻抗匹配，降低脉冲电流增大输出电压

　　C. 电气隔离

　　D. 可改变脉冲正负极

　　E. 必要时可同时送出两组独立脉冲

答案：A，C，D，E

125. 防止整流电路中晶闸管被误触发的措施有_____。

　　A. 门极导线用金属屏蔽线

　　B. 脉冲变压器尽量靠近主电路，以缩短门极走线

　　C. 触发器电源采用 RC 滤波，以消除电网高频干扰

　　D. 同步变压器及触发器电源采用静电屏蔽

　　E. 门极与阴极之间并接 $0.01 \sim 0.1\mu F$ 小电容

答案：A，B，C，D，E

126. 能实现有源逆变的晶闸管电路为_____。

　　A. 单相桥式全控电路　　　B. 单相桥式半控电路　　　C. 三相桥式半控电路

　　D. 三相半波电路　　　　　E. 带续流二极管的三相桥式全控电路

答案：A，D

127. 晶闸管变流电路工作在逆变状态时，造成逆变失败的主要原因有_____。

　　A. 晶闸管损坏　　　　　B. 触发脉冲丢失　　　　　C. 快速熔断器烧断

　　D. 逆变角 β 太小　　　E. 负载太重

答案：A，B，C，D

128. 在晶闸管可逆线路中的环流有_____等。

　　A. 瞬时脉动环流　　　　B. 动态环流　　　　　　C. 直流平均环流

　　D. 直流瞬时环流　　　　E. 交流平均环流

答案：A，C

129. 交流开交可选择由_____等器件组成。

　　A. 两个单结晶体管反并联　B. 两个普通晶闸管反并联　C. 两个二极管反并联

　　D. 双向晶闸管　　　　　　E. 两个 IGBT 反并联

答案：B，D

130. 调功器通常采用双向晶闸管_____。

　　A. 触发电路采用单结晶体管触发电路

　　B. 触发电路采用过零触发电路

　　C. 触发电路采用正弦波同步触发电路

　　D. 通过改变在设定的时间周期内导通的周波数来调功

　　E. 通过改变在每个周期内触发导通的时刻来调功

答案：B，D

131. 单相交流调压电压带电感性负载时，可以采用_____触发。

　　A. 窄脉冲　　　B. 宽脉冲　　　C. 双窄脉冲　　　D. 双宽脉冲　　　E. 脉冲列

答案：B，E

132. _____交流调压电路，都可以看作是三个单相交流调压电路的组合。

A. 三对反并联的晶闸管三相三线

B. 带中性线的三相四线

C. 三个双向晶闸管的三相三线

D. 负载接成三角形接法的三相三线

E. 晶闸管与负载接成内三角形接法的三相

答案：A，B，C，D，E

133. 三相三线交流调压电路可采用_____触发。

A. 单宽脉冲　　　B. 间隔为120°的双脉冲　　C. 间隔为60°的双窄脉冲

D. 单窄脉冲　　　E. 大于60°的脉冲列

答案：A，C，E

134. 电路中触头的串联关系和并联关系，可分别用_____的关系表达。

A. 逻辑与，即逻辑乘（·）　　　　B. 逻辑或，即逻辑加（＋）

C. 逻辑异或，即（⊕）　　　　D. 逻辑同或，即（⊙）　　　E. 逻辑非

答案：A，B

三、判断题

1. 具有反馈元件的放大电路即为反馈放大电路。

答案： 正确

2. 若反馈信号使净输入信号增大，因而输出信号也增大，这种反馈称为正反馈。

答案： 正确

3. 正反馈主要用于振荡电路，负反馈主要用于放大电路。

答案： 正确

4. 把输出电压短路后，如果反馈不存在了，则此反馈是电压反馈。

答案： 正确

5. 在反馈电路中反馈量是交流分量的称为交流反馈。

答案： 正确

6. 把输出电压短路后，如果反馈仍存在，则此反馈是电流反馈。

答案： 正确

7. 在反馈电路中反馈量是直流分量的称为直流反馈。

答案： 正确

8. 要求放大电路带负载能力强、输入电阻高，应引入电流串联负反馈。

答案： 错误

9. 采用负反馈既可提高放大倍数的稳定性，又可增大放大倍数。

答案： 错误

10. 射极跟随器是电流并联负反馈电路。

答案： 错误

11. 放大电路要稳定静态工作点，则必须加直流负反馈电路。

答案： 正确

12. 放大电路中上限频率与下限频率之间的频率范围称为放大电路的通频带。

    答案：正确

13. 为了提高放大器的输入电阻、减小输出电阻，应该采用电流串联负反馈。

    答案：错误

14. 交流负反馈不仅能稳定取样正确性，而且能提高输入电阻。

    答案：错误

15. 深度负反馈放大电路的闭环电压放大倍数为 $A_f = (1/F)$。

    答案：正确

16. 负反馈放大电路产生低频自激振荡的原因是多级放大器的附加相移大。

    答案：错误

17. 在深度负反馈条件下，串联负反馈放大电路的输入电压与反馈电压近似相等。

    答案：正确

18. 消除低频自激振荡最常用的方法是在电路中接入 RC 校正电路。

    答案：错误

19. 共模抑制比 KCMR 越大，抑制放大电路的零点漂移的能力越强。

    答案：正确

20. 为防止集成运算放大器输入电压偏高，通常可采用两输入端间并接一个二极管。

    答案：错误

21. 在运算电路中，集成运算放大器的反相输入端均为虚地。

    答案：错误

22. 集成运算放大器工作在线性区时，必须加入负反馈。

    答案：正确

23. 同相比例运算电路中集成运算放大器的反相输入端为虚地。

    答案：错误

24. 运算放大器的加法运算电路，输出为各个输入量之和。

    答案：错误

25. 运算放大器组成的反相比例放大电路，其反相输入端与同相输入端的电位近似相等。

    答案：正确

26. 运算放大器组成的积分器，当输入为恒定直流、电压时，输出即从初始值起线性变化。

    答案：正确

27. 当集成运算放大器工作在非线性区时，输出电压不是高电平，就是低电平。

    答案：正确

28. 微分器在输入越大时，输出变化越快。

    答案：错误

29. 比较器的输出电压可以是电源电压范围内的任意值。

    答案：错误

30. 电平比较器比滞回比较器的反抗干扰能力强，而滞回比较器比电平比较器灵敏度高。

    答案：错误

31. 在输入电压从足够低逐渐增大到足够高的过程中，电平比较器和滞回比较器的输出电压均只跃变一次。

答案：错误

32.用集成运算放大器组成的自激式方波发生器，其充放电共用一条回路。

答案：正确

33.数字电路处理的信息是二进制数码。

答案：正确

34.若电路的输出与各输入量的状态之间有着一一对应的关系，则此电路是时序逻辑电路。

答案：错误

35.八进制数有 1～8 共 8 个数码，基数为 8，计数规律是逢 8 进 1。

答案：错误

36.BCD 码就是二-十进制编码。

答案：正确

37.把十六进制数 26H 化为二-十进制数是 00100110。

答案：错误

38.由三个开关并联控制一个电灯时，电灯的亮与不亮，同三个开关的闭合或断开之间的对应关系，属于"与"的逻辑关系。

答案：错误

39.对于与非门来讲，其输入-输出关系为：有 0 出 1，全 1 出 0。

答案：正确

40.对于或非门来讲，其输入-输出关系为：有 0 出 1，全 1 出 0。

答案：错误

41.1001 个"1"连续异或的结果是 1。

答案：错误

42.对于任何一个逻辑函数来讲，其逻辑图都是唯一的。

答案：错误

43.已知逻辑关系 $AB=AC$，则 $B=C$。

答案：错误

44.变量和函数值均只能取 0 或 1 的函数称为逻辑函数。

答案：正确

45.已知逻辑关系 $A+B=A+C$，则 $B=C$。

答案：错误

46.卡诺图是真值表的另外一种排列方法。

答案：正确

47.门电路的传输特性是指输出电压与输入电压之间的关系。

答案：正确

48.三态门的第三种输出状态是高阻状态。

答案：正确

49.TTL 电路的 OC 门输出端可以关联使用。

答案：正确

50.TTL 输入端允许悬空，悬空时相当于输入低电平。

答案：错误

51. TTL 电路的输入端是三极管的发射极。

　　答案： 正确

52. TTL 电路的低电平输入电流远大于高电平输入电流。

　　答案： 正确

53. MOS 管是用栅极电流来控制漏极电流大小的。

　　答案： 错误

54. CMOS 集成门电路的内部电路由场效应管构成。

　　答案： 正确

55. 组合逻辑电路的功能特点是：任意时刻的输出只取决于该时刻的输入，而与电路的过去状态无关。

　　答案： 正确

56. 在组合逻辑电路中，门电路存在反馈线。

　　答案： 错误

57. CMOS 电路的工作速度可与 TTL 相比较，而它的功耗和抗干扰能力则远优于 TTL。

　　答案： 正确

58. TTL 集成门电路与 CMOS 集成门电路的静态功耗差不多。

　　答案： 错误

59. 编码器的特点是在任一时刻只有一个输入有效。

　　答案： 正确

60. 一位 8421BCD 码译码器的数据输入线与译码输出线的组合是 4：10。

　　答案： 正确

61. 带有控制端的基本译码器可以组成数据分配器。

　　答案： 正确

62. 时序逻辑电路一般是由记忆部分触发器和控制部分组合电路两部分组成的。

　　答案： 正确

63. 触发器是能够记忆一位二值量信息的基本逻辑单元电路。

　　答案： 正确

64. 凡是称为触发器的电路都具有记忆功能。

　　答案： 错误

65. 共阴极的半导体数码管应该配用低电平有效的数码管译码器。

　　答案： 错误

66. 用一个十六选一的数据选择器，可以实现任何一个输入为四变量的组合逻辑函数。

　　答案： 正确

67. 一位半加器具有两个输入和两个输出。

　　答案： 正确

68. 在基本 RS 触发器的基础上，加两个或非门即可构成同步 RS 触发器。

　　答案： 错误

69. T 触发器都是下降沿触发的。

　　答案： 正确

70. 用 D 触发器组成的数据寄存器，在寄存数据时必须先清零，然后才能输入数据。

答案： 错误

71. 移位寄存器除具有寄存器的功能外，还可以将数码移位。

答案： 正确

72. 维持-阻塞 D 触发器是下降沿触发。

答案： 错误

73. JK 触发器都是下降沿触发的，D 触发器都是上升沿触发的。

答案： 错误

74. CC40194 是一个 4 位双向通用移位寄存器。

答案： 正确

75. 计数脉冲引至所有触发器的 CP 端，使应翻转的触发器同时翻转，称为同步计数器。

答案： 正确

76. 集成计数器 40192 是一个可预置数二-十进制可逆计数器。

答案： 正确

77. 只要将移位寄存器的最高位的输出端接至最低的输入端，即构成环形计数器。

答案： 正确

78. 计数脉冲引至所有触发器的 CP 端，使应翻转的触发器同时翻转，称为异步计数器。

答案： 错误

79. 二进制异步减法计数器的接法是：必须把低位触发器的 Q 端与高位触发器的 CP 端相连。

答案： 正确

80. 扭环形计数器中，其反馈到移位寄存器的串行输入端的 D_n-1 信号，不是取自 Q_0，而是取自 $\overline{Q_0}$。

答案： 正确

81. 555 定时器可以用外接控制电压来改变翻转电平。

答案： 正确

82. 多谐振荡器是一种非正弦振荡器，它不需要外加输入信号，只要接通电源，自激产生矩形脉冲信号，其输出脉冲频率由电路参数 R、C 决定。

答案： 正确

83. 555 定时器组成的单稳态触发器是在 TH 端加入正脉冲触发的。

答案： 错误

84. 单稳态触发器可以用于定时控制。

答案： 正确

85. 石英晶体多谐振荡器的输出频率可以方便地进行调节。

答案： 错误

86. 多谐振荡器、单稳态触发器和施密特触发器输出的都是矩形波，因此它们在数字电路中得到广泛应用。

答案： 正确

87. 减小电容 C 的容量，可提高 RC 环形振荡器的振荡频率。

答案： 正确

88. 整流二极管、晶闸管、双向晶闸管及可关断晶闸管均属于半控型器件。

答案： 错误

89. 用于工频整流的功率二极管也称为整流管。

答案：正确

90. 当阳极和阴极之间加上正向电压而控制极不加任何信号时，晶闸管处于关断状态。

答案：正确

91. 晶闸管的导通条件是阳极和控制极上都加上电压。

答案：错误

92. 晶闸管的关断条件是阳极电流小于管子的擎住电流。

答案：错误

93. 若晶闸管正向重复峰值电压为 500V，反向重复峰值电压为 700V，则该晶闸管的额定电压是 700V。

答案：错误

94. 在晶闸管的电流上升到其维持电流后，去掉门极触发信号，晶闸管仍能维持导通。

答案：错误

95. 若流过晶闸管的电流的波形为全波时，则其电流波形系数为 1.57。

答案：正确

96. 将万用表置于 $R \times 1k\Omega$ 或 $R \times 10k\Omega$ 挡，测量晶闸管阳极和阴极之间的正反向阻值时，原则上其值越大越好。

答案：正确

97. GTO、GTR、IGBT 均属于全控型器件。

答案：正确

98. IGBT 是电压型驱动的全控型开关器件。

答案：正确

99. GTO 的门极驱动电路包括开通电路、关断电路和反偏电路。

答案：正确

100. 三相半波可控整流电路带电阻负载时，其输出直流电压的波形在 $\alpha < 60°$ 的范围内是连续的。

答案：错误

101. 三相半波可控整流电路带阻性负载时，若触发脉冲（单窄脉冲）加于自然换相点之前，则输出电压波形将出现缺相现象。

答案：正确

102. 在三相半波可控整流电路中，每个晶闸管的最大导通角为 120°。

答案：正确

103. 三相半波可控整流电路带电阻性负载时，其触发脉冲控制角 α 的移相范围为 0°～180°。

答案：错误

104. 三相半波可控整流电路，变压器次级相电压为 200V，带大电感负载，无续流二极管，当 $\alpha = 60°$ 时的输出电压为 117V。

答案：正确

105. 三相半波可控整流电路，变压器次级相电压有效值为 100V，负载中流过的最大电流有效值为 157A，考虑 2 倍的安全裕量，晶闸管应选择 KP200—5 型。

答案：正确

106. 三相半波可控整流电路带电阻性负载时，晶闸管承受的最大正向电压是 $1.414U_2$。

　　答案： 错误

107. 三相半波可控整流电路，每个晶闸管可能承受的最大反向电压为 $6U_2$。

　　答案： 正确

108. 在三相桥式全控整流电路中，两组三相半波电路是同时并联工作的。

　　答案： 错误

109. 三相桥式全控整流电路带大电感负载时，晶闸管的导通规律为每隔 $120°$ 换相一次，每个管子导通 $60°$。

　　答案： 错误

110. 自动调速系统中比例调节器既有放大（调节）作用，有时也有隔离与反相作用。

　　答案： 正确

111. 晶闸管交流调压电路适用于调速要求不高、经常在低速下运行的负载。

　　答案： 错误

112. 三相全控桥式整流电路（无续流二极管），当负载上的电流有效值为 I 时，流过每个晶闸管的电流有效值为 $0.577I$。

　　答案： 正确

113. 三相全控桥式整流电路带大电感负载时，其移相范围是 $0°\sim90°$。

　　答案： 正确

114. 三相桥式全控整流电路晶闸管应采用双窄脉冲触发。

　　答案： 正确

115. 带电阻性负载的三相桥式半控整流电路，一般都由三个二极管和三个晶闸管组成。

　　答案： 正确

116. 在三相半控桥式整流电路中，要求共阴极组晶闸管的触发脉冲之间的相位差为 $120°$。

　　答案： 正确

117. 三相半控桥式整流电路带电阻性负载时，其移相范围是 $0°\sim150°$。

　　答案： 错误

118. 三相半控桥式整流电路接感性负载，当控制角 $\alpha=0°$ 时，输出平均电压为 $234V$，则变压器二次变压有效值 U_2 为 $100V$。

　　答案： 正确

119. 三相桥式半控整流电路带电阻负载，每个晶闸管流过的平均电流是负载电流的 $1/3$。

　　答案： 正确

120. 带平衡电抗器的双反星形可控整流电路带电感负载时，任何时刻都有两个晶闸管同时导通。

　　答案： 正确

121. 带平衡电抗器的三相双反星形可控整流电路中，平衡电抗器的作用是使两组三相半波可控整流电路以 $180°$ 相位差相并联同时工作。

　　答案： 正确

122. 带平衡电抗器的三相双反星形可控整流电路中，每个晶闸管流过的平均电流是负载电流的 $1/6$。

　　答案： 正确

123. 在带平衡电抗器的双反星形可控整流电路中，存在直流磁化问题。

    答案： 错误

124. 整流电路中电压波形出现缺口是由于变压器存在漏抗。

    答案： 正确

125. 整流电路中晶闸管导通的时间用电角度表示称为换相重叠角。

    答案： 错误

126. 可控整流电路对直流负载来说是一个带内阻的可变直流电源。

    答案： 正确

127. 晶闸管可控整流电路承受的过电压为换相过电压、操作过电压、交流侧过电压等几种。

    答案： 错误

128. 晶闸管装置常采用的过电压保护措施有压敏电阻、硒堆、限流、脉冲移相等。

    答案： 错误

129. 晶闸管装置常用的过电流保护措施有直流快速开关、快速熔断器、电流检测和过电流继电器、阻容吸收等。

    答案： 错误

130. 比例积分调节器兼顾了比例和积分二环节的优点，所以用其作速度闭环控制时无转速超调问题。

    答案： 错误

131. 在晶闸管可控整流电路中，快速熔断器只可安装在桥臂上与晶闸管串联。

    答案： 错误

132. 造成晶闸管误导通的主要原因有两个：一是干扰信号加到了控制极；二是加到晶闸管阳极上的电压上升率过大。

    答案： 正确

133. 为保证晶闸管装置能正常、可靠地工作，触发脉冲应有一定的宽度及陡峭的前沿。

    答案： 正确

134. 常用的晶闸管触发电路按同步信号的形式不同，分为正弦波及锯齿波触发电路。

    答案： 正确

135. 同步信号为锯齿波的晶体管触发电路，以锯齿波为基准，再串入脉冲信号，以实现晶闸管触发脉冲的移相。

    答案： 错误

136. 晶闸管触发电路一般由同步移相、脉冲形成、脉冲放大、输出等基本环节组成。

    答案： 正确

137. 同步电压就是同步信号，二者是同一个概念。

    答案： 错误

138. 采用正弦波同步触发电路的可控整流装置可看成一个线性放大器。

    答案： 正确

139. 锯齿波同步触发电路具有强触发、双脉冲、脉冲封锁等辅助环节。

    答案： 正确

140. 用 TC787 集成触发器组成的六路双脉冲触发电路，具有低电平有效的脉冲封锁功能。

    答案： 错误

141. 在大功率晶闸管触发电路中，通常采用脉冲列式触发器，其目的是减小触发电源功率、减小脉冲变压器的体积及提高脉冲前沿陡度。

答案： 正确

142. 晶闸管整流电路中"同步"的概念，是指触发脉冲与主回路电源电压，在频率和相位上具有相互协调配合的关系。

答案： 正确

143. 晶闸管整流电路中，通常采用主电路与触发电路，使用同一电网电源及通过同步变压器不同的接线组别，并配合阻容移相的方法来实现同步。

答案： 正确

144. 三相三线交流调压电路对触发脉冲的要求，与三相全控桥式整流电路相同，应采用单宽脉冲或双窄脉冲触发。

答案： 正确

145. 触发电路中脉冲变压器的作用是传输触发脉冲。

答案： 错误

146. 门极与阴极之间并接 $0.01\sim0.1\mu\mathrm{F}$ 小电容，可起到防止整流电路中晶闸管被误触发的作用。

答案： 正确

147. 实现有源逆变的条件是直流侧必须外接与直流电流 I_d 同方向的直流电源 E，$|E|>|U_\mathrm{d}|$ 及 $\alpha>90°$。

答案： 正确

148. 在分析晶闸管三相有源逆变电路的波形时，逆变角的大小是从自然换相点开始向左计算的。

答案： 错误

149. 三相桥式全控整流电路能作为有源逆变电路。

答案： 正确

150. 触发脉冲丢失是晶闸管逆变电路造成逆变失败的原因。

答案： 正确

151. 在晶闸管组成的直流可逆调速系统中，为使系统正常工作，其最小逆变角 β_min 应选 $15°$。

答案： 错误

152. 在晶闸管可逆线路中的静态环流，一般可分为瞬时脉动环流和直流平均环流。

答案： 正确

153. 电枢反并联配合控制有环流可逆系统，当电动机正向运行时，正组晶闸管变流器处于整流工作状态，反组晶闸管变流器处于逆变工作状态。

答案： 错误

154. 双向晶闸管的额定电流与普通晶闸管一样是平均值，而不是有效值。

答案： 错误

155. 双向晶闸管有四种触发方式，其中Ⅲ＋触发方式的触发灵敏度最低，尽量不用。

答案： 正确

156. 交流开关可用双向晶闸管或者两个普通晶闸管反并联组成。

答案： 正确

157. 调功器通常采用双向晶闸管，触发电路采用过零触发电路。

　　　答案： 正确

158. 单相交流调压电路带电阻负载时，其移相范围为 $0°\sim180°$。

　　　答案： 正确

159. 单相交流调压电压带电感性负载时，可以采用宽脉冲或窄脉冲触发。

　　　答案： 错误

160. 带中性线的三相交流调压电路，可以看作是三个单相交流调压电路的组合。

　　　答案： 正确

第七模块　交直流传动系统装调与维修

一、单选题

1. 控制系统输出量（被控量）只能受控于输入量，输出量不反送到输入端参与控制的系统称为_____。

    A. 开环控制系统　　　　B. 闭环控制系统　　　　C. 复合控制系统　　　　D. 反馈控制系统

    答案：A

2. 闭环控制系统是建立在_____基础上，按偏差进行控制的。

    A. 正反馈　　　　　　　B. 负反馈　　　　　　　C. 反馈　　　　　　　　D. 正负反馈

    答案：B

3. 闭环控制系统中比较元件将_____进行比较，求出它们之间的偏差。

    A. 反馈量与给定量　　　B. 扰动量与给定量　　　C. 控制量与给定量　　　D. 输入量与给定量

    答案：A

4. 比较元件是将检测反馈元件检测的被控量的反馈量与_____进行比较。

    A. 扰动量　　　　　　　B. 给定量　　　　　　　C. 控制量　　　　　　　D. 输出量

    答案：B

5. 偏差量是由_____和反馈量比较，由比较元件产生的。

    A. 扰动量　　　　　　　B. 给定量　　　　　　　C. 控制量　　　　　　　D. 输出量

    答案：B

6. 前馈控制系统是_____。

    A. 按扰动进行控制的开环控制系统　　　　　　B. 按给定量控制的开环控制系统

    C. 闭环控制系统　　　　　　　　　　　　　　D. 复合控制系统

    答案：A

7. 在生产过程中，如温度、压力控制，当_____要求维持在某一值时，就要采用定值控制系统。

    A. 给定量　　　　　　　B. 输入量　　　　　　　C. 扰动量　　　　　　　D. 被控量

    答案：D

8. 在恒定磁通时，直流电动机改变电枢电压调速属于_____调速。

    A. 恒功率　　　　　　　B. 变电阻　　　　　　　C. 变转矩　　　　　　　D. 恒转矩

    答案：D

9. 发电机-电动机系统是_____，改变电动机电枢电压，从而实现调压调速。

    A. 改变发电机励磁电流，改变发电机输出电压

    B. 改变电动机的励磁电流，改变发电机输出电压

    C. 改变发电机的电枢回路串联附加电阻

    D. 改变发电机的电枢电流

答案：A

10. 调速范围是指电动机在额定负载情况下，电动机的_____之比。

　　A. 额定转速和最低转速　　　　　　　B. 最高转速和最低转速

　　C. 基本转速和最低转速　　　　　　　D. 最高转速和额定转速

　　答案：B

11. 当理想空载转速一定时，机械特性越硬，静差率 S _____。

　　A. 越小　　　　　　B. 越大　　　　　　C. 不变　　　　　　D. 可以任意确定

　　答案：A

12. 直流调速系统中，给定控制信号作用下的动态性能指标（即跟随性能指标）有上升时间、超调量、_____等。

　　A. 恢复时间　　　　　B. 阶跃时间　　　　　C. 最大动态速降　　　　D. 调节时间

　　答案：D

13. 晶闸管-电动机系统的主回路电流连续时，其开环机械特性_____。

　　A. 变软　　　　　　B. 变硬　　　　　　C. 不变　　　　　　D. 变软或变硬

　　答案：A

14. 比例调节器（P 调节器）的放大倍数，一般可以通过改变_____进行调节。

　　A. 反馈电阻 R_f 与输入电阻的 R_1 大小

　　B. 平衡电阻 R_2 大小

　　C. 比例调节器输出电压大小

　　D. 比例调节器输入电压大小

　　答案：A

15. 当输入电压相同时，积分调节器的积分时间常数越大，则输出电压上升斜率_____。

　　A. 越小　　　　　　B. 越大　　　　　　C. 不变　　　　　　D. 可大可小

　　答案：A

16. 比例积分调节器的等效放大倍数，在静态与动态过程中是_____的。

　　A. 基本相同　　　　　B. 大致相同　　　　　C. 相同　　　　　　D. 不相同

　　答案：D

17. 调节放大器的输出，外限幅电路中的降压电阻 R _____。

　　A. 一定不要用　　　　B. 一定要用　　　　　C. 基本可以不用　　　D. 可用可不用

　　答案：B

18. 带正反馈的电平检测器的输入、输出特性具有回环继电特性。回环宽度与 R_f、R_2 的阻值及放大器输出电压幅值有关。R_f 的阻值减小，回环宽度_____。

　　A. 增加　　　　　　B. 基本不变　　　　　C. 不变　　　　　　D. 减小

　　答案：A

19. 在采用有续流二极管的三相半控桥式整流电路，对直流电动机供电的调速系统中，其主电路电流的检测应采用_____。

　　A. 交流电流互感器　　　　　　　　　B. 直流电流互感器

　　C. 交流电流互感器或直流电流互感器　　D. 电压互感器

　　答案：B

20. 测速发电机有交流、直流两种，通常采用直流测速发电机。直流测速发电机有他励式和

_____两种。

　　A. 永磁式　　　　　　　B. 自励式　　　　　　　C. 复励式　　　　　　　D. 串励式

答案：A

21. 转速负反馈有静差的调速系统中，转速调节器采用_____。

　　A. 比例调节器　　　　　　　　　　　　B. 比例积分调节器

　　C. 微分调节器　　　　　　　　　　　　D. 调节器

答案：A

22. 在转速负反馈直流调速系统中，当负载增加以后转速下降，可通过负反馈环节的调节作用使转速有所回升，系统调节前后，电动机电枢电压将_____。

　　A. 增大　　　　　　B. 减小　　　　　　C. 不变　　　　　　D. 不能确定

答案：A

23. 闭环调速系统的静特性是表示闭环系统电动机的_____。

　　A. 电压与电流（或转矩）的动态关系　　B. 转速与电流（或转矩）的动态关系

　　C. 转速与电流（或转矩）的静态关系　　D. 电压与电流（或转矩）的静态关系

答案：C

24. 在转速负反馈系统中，闭环系统的静态转速降为开环系统静态转速降的_____倍。

　　A. $1+K$　　　　　　B. $1+2K$　　　　　　C. $1/(1+2K)$　　　　　　D. $1/(1+K)$

答案：D

25. 转速负反馈调速系统对检测反馈元件和给定电压造成的转速扰动_____补偿能力。

　　A. 没有　　　　　　　　　　　　　　　B. 有

　　C. 对前者有　　　　　　　　　　　　　D. 对前者无补偿能力，对后者有

答案：A

26. 无静差调速系统的工作原理是_____。

　　A. 依靠偏差本身　　　　　　　　　　　B. 依靠偏差本身及偏差对时间的积累

　　C. 依靠偏差对时间的记忆　　　　　　　D. 依靠偏差

答案：B

27. 采用 PI 调节器的转速负反馈无静差直流调速系统，其负载变化时系统_____，比例调节起主要作用。

　　A. 调节过程的后期阶段

　　B. 调节过程中间阶段和后期阶段

　　C. 调节过程开始阶段和中间阶段

　　D. 调节过程开始阶段和后期阶段

答案：C

28. 电流截止负反馈的截止方法不仅可以用独立电源的电压比较法，而且也可以在反馈回路中对接一个_____来实现。

　　A. 晶闸管　　　　　　B. 三极管　　　　　　C. 单结晶体管　　　　　　D. 稳压管

答案：D

29. 带电流截止负反馈环节的调速系统，为了使电流截止负反馈参与调节后特性曲线下垂段更陡一些，可把反馈取样电阻阻值选得_____。

　　A. 大一些　　　　　　B. 小一些　　　　　　C. 接近无穷大　　　　　　D. 等于零

答案：A

30. 电压负反馈调速系统对主回路中，由电阻 R_n 和电枢电阻 R_d 产生电阻压降所引起的转速降_____补偿能力。

A. 没有
B. 有
C. 对前者有补偿能力，对后者无
D. 对前者无补偿能力，对后者有

答案：C

31. 在电压负反馈调速系统中，加入电流正反馈的作用是当负载电流增加时，晶闸管变流器输出电压_____，从而使转速降减小，系统的静特性变硬。

A. 减小　　　　B. 增加　　　　C. 不变　　　　D. 微减小

答案：B

32. 转速、电流双闭环调速系统包括电流环和转速环，其中两环之间关系是_____。

A. 电流环为内环，转速环为外环
B. 电流环为外环，转速环为内环
C. 电流环为内环，转速环也为内环
D. 电流环为外环，转速环也为外环

答案：A

33. 转速、电流双闭环调速系统中，转速调节器的输出电压是_____。

A. 系统电流给定电压
B. 系统转速给定电压
C. 触发器给定电压
D. 触发器控制电压

答案：A

34. 转速、电流双闭环调速系统，在突加给定电压启动过程中第一、二阶段，转速调节器处于_____状态。

A. 调节　　　　B. 零　　　　C. 截止　　　　D. 饱和

答案：D

35. 转速、电流双闭环调速系统中，在突加负载时调节作用主要靠_____来消除转速偏差。

A. 电流调节器
B. 转速调节器
C. 电压调节器
D. 电压调节器与电流调节器

答案：B

36. 转速、电流双闭环直流调速系统中，在电源电压波动时的抗扰作用主要通过_____调节。

A. 转速调节器
B. 电压调节器
C. 电流调节器
D. 电压调节器与电流调节器

答案：C

37. 转速、电流双闭环调速系统中，转速调节器 ARS 输出限幅电压的作用是_____。

A. 决定了电动机允许的最大电流值
B. 决定了晶闸管变流器输出电压最大值
C. 决定了电动机最高转速
D. 决定了晶闸管变流器输出额定电压

答案：A

38. 转速、电流双闭环直流调速系统在系统堵转时，电流转速调节器的作用是_____。

A. 使转速跟随给定电压变化
B. 对负载变化起抗扰作用
C. 限制了电枢电流的最大值
D. 决定了晶闸管变流器输出额定电压

答案：C

39. 反并联连接电枢可逆调速电路中，两组晶闸管变流器的交流电源由_____供电。

A. 两个独立的交流电源   B. 同一交流电源

C. 两个整流变压器   D. 整流变压器两个二次绕组

答案：B

40. 直流电动机工作在电动状态时，电动机的_____。

A. 电磁转矩的方向和转速方向相同，将电能变为机械能

B. 电磁转矩的方向和转速方向相同，将机械能变为电能

C. 电磁转矩的方向和转速方向相反，将电能变为机械能

D. 电磁转矩的方向和转速方向相反，将机械能变为电能

答案：A

41. 无环流可逆调速系统除了逻辑无环流可逆系统外，还有_____。

A. 控制无环流可逆系统   B. 直流无环流可逆系统

C. 错位无环流可逆系统   D. 借位无环流可逆系统

答案：C

42. 逻辑无环流可逆调速系统是通过无环流逻辑装置，保证系统在工作时_____，从而实现无环流。

A. 一组晶闸管加正向电压，而另一组晶闸管加反向电压

B. 一组晶闸管加触发脉冲，而另一组晶闸管触发脉冲被封锁

C. 两组晶闸管都加反向电压

D. 两组晶闸管触发脉冲都被封锁

答案：B

43. 逻辑无环流可逆调速系统中，当转矩极性信号改变极性，并有_____时，逻辑才允许进行切换。

A. 零电流信号   B. 零电压信号   C. 零给定信号   D. 零转速信号

答案：A

44. 逻辑无环流可逆调速系统中，无环流逻辑装置应设有零电流及_____电平检测器。

A. 延时判断   B. 零电压   C. 逻辑判断   D. 转矩极性鉴别

答案：D

45. 当采用一个电容和两个灯泡组成的相序测定器测定三相交流电源相序时，如果电容所接入的是 A 相，则_____。

A. 灯泡亮的一相为 B 相

B. 灯泡暗的一相为 B 相

C. 灯泡亮的一相为 C 相

D. 灯泡暗的一相可能为 B 相，也可能为 C 相

答案：A

46. 在转速、电流双闭环调速系统调试中，当转速给定电压为额定给定值，而电动机转速低于所要求的额定值，此时应_____。

A. 增加转速负反馈电压值   B. 减小转速负反馈电压值

C. 增加转速调节器输出电压限幅值   D. 减小转速调节器输出电压限幅值

答案：B

47. 带微处理器的全数字调速系统与模拟控制调速系统相比，具有_____等特点。

A. 灵活性好、性能好、可靠性高

B. 灵活性差、性能好、可靠性高

C. 性能好、可靠性高、调试及维修复杂

D. 灵活性好、性能好、调试及维修复杂

答案：A

48. 按编码原理分类，编码器可分为绝对式和_____两种。

    A. 增量式   B. 相对式   C. 减量式   D. 直接式

答案：A

49. 线绕式异步电动机采用转子串电阻调速方法属于_____。

    A. 改变频率调速   B. 改变极数调速

    C. 改变转差率调速   D. 改变电流调速

答案：C

50. 在 VVVF 调速系统中，调频时必须同时必调节定子电源的_____，在这种情况下，机械特性平行移动，转差功率不变。

    A. 电抗   B. 电流   C. 电压   D. 转矩

答案：C

51. 电压型逆变器采用电容滤波，电压较稳定，_____，调速动态响应较慢，适用于多电机传动及不可逆系统。

    A. 输出电流为矩形波   B. 输出电压为矩形波

    C. 输出电压为尖脉冲   D. 输出电流为尖脉冲

答案：B

52. 电流型逆变器采用大电感滤波，此时可认为是_____。逆变器输出交流电流为矩形波。

    A. 内阻抗低的电流源   B. 输出阻抗高的电流源

    C. 内阻抗低的电压源   D. 内阻抗高的电压源

答案：B

53. PWM 型变频器由二极管整流器、滤波电容、_____等部分组成。

    A. PAM 逆变器   B. PLM 逆变器   C. 整流放大器   D. PWM 逆变器

答案：D

54. 正弦波脉宽调制（SPWM），通常采用_____相交方案，产生脉冲宽度按正弦波分布的调制波形。

A. 直流参考信号与三角波载波信号

B. 正弦波参与信号与三角波载波信号

C. 正弦波参与信号与锯齿波载波信号

D. 三角波参与信号与锯齿波载波信号

答案：B

55. 晶体管通用三相 SPWM 型逆变器是由_____组成的。

    A. 三个电力晶体管开关   B. 六个电力晶体管开关

    C. 六个双向晶闸管   D. 六个二极管

答案：B

56. SPWM 型逆变器的同步调制方式是载波（三角波）的频率与调制波（正弦波）的频率之

比_____，不论输出频率高低，输出电压每半周输出脉冲数是相同的。

    A. 等于常数　　　　　B. 成反比关系　　　　　C. 呈平方关系　　　　　D. 不等于常数

    答案：A

57. 步进电机的功能是_____。

    A. 测量转速

    B. 功率放大

    C. 把脉冲信号转变成直线位移或角位移

    D. 把输入的电信号转换成电动机轴上的角位移或角速度

    答案：C

58. 三相绕组按 A→B→C→A 通电方式运行称为_____。

    A. 单相单三拍运行方式　　　　　　　　B. 三相单三拍运行方式

    C. 三相双三拍运行方式　　　　　　　　D. 三相六拍运行方式

    答案：B

59. 步进电动机驱动电路一般可由_____、功率驱动单元、保护单元等组成。

    A. 脉冲发生控制单元　　　　　　　　　B. 脉冲移相单元

    C. 触发单元　　　　　　　　　　　　　D. 过零触发单元

    答案：A

60. 步进电动机功率驱动单元有单电压驱动、双电压驱动及_____等类型。

    A. 三电压功率驱动　　　　　　　　　　B. 四电压功率驱动

    C. 触发电压功率驱动　　　　　　　　　D. 高低压驱动

    答案：D

二、多选题

1. 自动控制系统可分为_____。

    A. 开环控制系统　　　　　B. 闭环控制系统　　　　　C. 复合控制系统

    D. 直接控制系统　　　　　E. 间接控制系统

    答案：A，B，C

2. 开环控制系统可分为_____。

    A. 按给定量控制的开环控制系统　　　　B. 按输出量控制的开环控制系统

    C. 前馈控制系统　　　　　　　　　　　D. 按输出量控制的反馈控制系统

    E. 按输入量控制的反馈控制系统

    答案：A，C

3. 闭环控制系统是具有_____等重要功能。

    A. 检测被控量　　　　　　　　　　　　B. 检测扰动量

    C. 将反馈量与给定量进行比较得到偏差　　D. 将扰动量与给定量进行比较得到偏差

    E. 根据偏差对被控量进行调节

    答案：A，C，E

4. 闭环控制系统一般由_____等元件组成。

    A. 给定元件　　　　　　　　　　　　　B. 比较元件、放大校正元件

    C. 执行元件　　　　　　　　　　　　　D. 被控对象

E. 检测反馈元件

答案：A，B，C，D，E

5. 闭环控制系统有_____两个通道。

A. 前向通道　　　B. 执行通道　　　C. 反馈通道　　　D. 给定通道　　　E. 输出通道

答案：A，C

6. 自动控制系统的信号有_____等。

A. 扰动量　　　B. 给定量　　　C. 控制量　　　D. 输出量　　　E. 反馈量

答案：A，B，C，D，E

7. 复合控制系统是具有_____的控制系统。

A. 直接控制　　　B. 前馈控制　　　C. 反馈控制　　　D. 间接控制　　　E. 后馈控制

答案：B，C

8. 按给定量的特点分类，自动控制系统可分为_____。

A. 定值控制系统　　　　B. 随动系统　　　　C. 反馈控制系统

D. 直接控制系统　　　　E. 程序控制系统

答案：A，B，E

9. 直流电动机的调速方法有_____。

A. 改变电动机的电枢电压调速

B. 改变电动机的励磁电流调速

C. 改变电动机的电枢回路串联附加电阻调速

D. 改变电动机的电枢电流调速

E. 改变电动机的电枢绕组接线调速

答案：A，B，C

10. 直流电动机的调压调速系统的主要方式有_____。

A. 发电机-电动机系统　　　B. 晶闸管-电动机系统　　　C. 直流斩波和脉宽调速系统

D. 发电机-励磁系统　　　　E. 电动机-发电机系统

答案：A，B，C

11. 直流调速系统的静态指标有_____。

A. 调速范围　　　B. 机械硬度　　　C. 静差率　　　D. 转速　　　E. 转矩

答案：A，B，C

12. 直流调速系统的静差率与_____有关。

A. 机械特性硬度　　　　B. 额定转速　　　　C. 理想空载转速

D. 额定电流　　　　　　E. 额定转矩

答案：A，C

13. 直流调速系统中，给定控制信号作用下的动态性能指标（即跟随性能指标）有_____。

A. 上升时间　　　　B. 超调量　　　　C. 最大动态速降

D. 调节时间　　　　E. 恢复时间

答案：A，B，D

14. 由晶闸管可控整流供电的直流电动机，当电流断续时，其机械特性为_____。

A. 理想空载转速升高　　　　　B. 理想空载转速下降

C. 机械特性显著变软　　　　　D. 机械特性硬度保持不变

　　E. 机械特性变硬

　　答案：A，C

15. 比例调节器（P 调节器）一般采用反相输入，具有_____特性。

　　A. 延缓性　　　　　　　　B. 输出电压和输入电压是反相关系　　　C. 积累性

　　D. 快速性　　　　　　　　E. 稳定性

　　答案：B，D

16. 积分调节器具有_____特性。

　　A. 延缓性　　　　B. 记忆性　　　　C. 积累性　　　　D. 快速性　　　　E. 稳定性

　　答案：A，B，C

17. PI 调节器的输出电压由_____组成。

　　A. 比例部分　　　　　　　B. 微分部分　　　　　　　C. 比例、微分部分

　　D. 积分部分　　　　　　　E. 比例、积分、微分部分

　　答案：A，D

18. 调节放大器常用输出限幅电路有_____等几种。

　　A. 二极管钳位的输出外限幅电路　　　B. 二极管钳位的反馈限幅电路

　　C. 三极管钳位的反馈限幅电路　　　　D. 稳压管钳位的反馈限幅电路

　　E. 电容钳位的反馈限幅电路

　　答案：A，B，C，D

19. 带正反馈的电平检测器的输入、输出特性具有回环继电特性，回环宽度与_____下列_____有关。

　　A. 反馈电阻 R_f 的阻值　　　　　B. 同相端电阻 R_2 的阻值

　　C. 放大器输出电压幅值　　　　　D. 反相输入端电阻 R_1 的阻值

　　E. 放大器输入电压幅值

　　答案：A，B，C，E

20. 调速系统中电流检测装置有_____等类型。

　　A. 二个交流电流互感器组成电流检测装置

　　B. 直流电流互感器组成电流检测装置

　　C. 三个交流电流互感器组成电流检测装置

　　D. 电压互感器组成电流检测装置

　　E. 三个电阻组成电流检测装置

　　答案：A，B，C

21. 调速系统中转速检测装置按其输出电压形式可分为_____。

　　A. 模拟式　　　B. 直接式　　　C. 数字式　　　D. 间接式

　　答案：A，C

22. 转速负反馈有静差调速系统由转速给定及_____组成。

　　A. 采用比例调节器的转速调节器　　　B. 采用比例积分调节器的转速调节器

　　C. 晶闸管变流器　　　　　　　　　　D. 触发器　　　　　　　E. 测速发电机

　　答案：A，C，D，E

23. 在转速负反馈直流调速系统中，当负载增加以后转速下降，可通过负反馈环节的调节作用使转速有所回升，系统调节前后，_____。

A. 电动机电枢电压将增大　　　　B. 电动机主电路电流将减小

C. 电动机电枢电压将不变　　　　D. 电动机主电路电流将增大

E. 电动机主电路电流将不变

答案：A，D

24. 闭环调速系统的静特性是表示闭环系统电动机的_____。

A. 表示闭环系统电动机的电压与电流（或转矩）的动态关系

B. 表示闭环系统电动机的转速与电流（或转矩）的动态关系

C. 表示闭环系统电动机的转速与电流（或转矩）的静态关系

D. 表示闭环系统电动机的电压与电流（或转矩）的静态关系

E. 各条开环机械特性上工作点 A、B、C、D 等组成

答案：C，D

25. 闭环调速系统和开环调速系统性能相比较有_____等方面特点。

A. 闭环系统的静态转速降为开环系统静态转速降的 $1/(1+K)$

B. 闭环系统的静态转速降为开环系统静态转速降的 $1/(1+2K)$

C. 当理想空载转速相同时，闭环系统的静差率为开环系统静态率的 $1/(1+K)$

D. 当理想空载转速相同时，闭环系统的静差率为开环系统静态率的 $(1+K)$

E. 当系统静差率要求相同时，闭环系统的调速范围为开环系统的调速范围的 $(1+K)$

答案：A，C，E

26. 转速负反馈调速系统对_____等扰动作用都能有效地加以抑制。

A. 负载变化　　　　B. 给定电压变化　　　　C. 电动机大励磁电流变化

D. 直流电动机电枢电阻　　E. 交流电压波动

答案：A，C，D，E

27. 无静差调速系统转速调节器可采用_____。

A. 比例积分调节器　　　　B. 积分调节器

C. 比例调节器　　　　　　D. 微分调节器

答案：A，B

28. 采用 PI 调节器的转速负反馈无静差直流调速系统负载变化时，系统调节过程为_____。

A. 调节过程的后期阶段积分调节起主要作用

B. 调节过程中间阶段和后期阶段比例调节起主要作用

C. 调节过程开始阶段和中间阶段积分调节起主要作用

D. 调节过程开始阶段和后期阶段比例调节起主要作用

E. 调节过程开始阶段和中期阶段比例调节起主要作用

答案：A，E

29. 电流截止负反馈环节有_____等方法。

A. 采用晶闸管作比较电压的电路

B. 采用独立直流电源作比较电压的电路

C. 采用单结晶体管作比较电压的电路

D. 采用稳压管作比较电压的电路

E. 采用三极管作比较电压的电路

答案：B，D

30. 带电流截止负反馈的转速负反馈直流调速系统的静特性具有_____等特点。

A. 电流截止负反馈起作用时，静特性为很陡的下垂特性

B. 电流截止负反馈起作用时，静特性很硬

C. 电流截止负反馈不起作用时，静特性很硬

D. 电流截止负反馈不起作用时，静特性为很陡的下垂特性

E. 不管电流截止负反馈是否起作用，静特性都很硬

答案：A，C

31. 电压负反馈直流调速系统对_____等扰动所引起的转速降有补偿能力。

A. 电枢电阻 R_d 电压降　　　　　B. 晶闸管变流器内阻电压降

C. 电动机的励磁电流变化　　　　D. 电源电压的波动

E. 电压调节器放大系数变化

答案：B，D，E

32. 带电流正反馈的电压负反馈直流调速系统中，电压负反馈、电流正反馈是性质完全不同的两种控制作用，具体来说_____。

A. 电压负反馈是补偿环节

B. 电压负反馈不是补偿环节而是反馈环节

C. 电压正反馈是补偿环节，也是反馈环节

D. 电流正反馈不是补偿环节也不是反馈环节

E. 电流正反馈是补偿环节不是反馈环节

答案：B，E

33. 转速、电流双闭环调速系统中，_____。

A. 电流环为内环　　　　B. 电流环为外环　　　　C. 转速环为外环

D. 转速环为内环　　　　E. 电压环为内环

答案：A，C

34. 转速、电流双闭环调速系统中，转速调节器 ASR、电流调节器 ACR 的输出限幅电压作用不相同，具体来说是_____。

A. ASR 输出限幅电压决定了电动机电枢电流最大值

B. ASR 输出限幅电压限制了晶闸管交流器输出电压最大值

C. ACR 输出限幅电压决定了电动机电枢电流最大值

D. ACR 输出限幅电压限制了晶闸管交流器输出电压最大值

E. ASR 输出限幅电压决定了电动机最高转速值

答案：A，D

35. 转速、电流双闭环调速系统启动过程有_____阶段。

A. 电流上升　　B. 恒流升速　　C. 转速调节　　D. 电压调节　　E. 转速上升

答案：A，B，C

36. 转速、电流双闭环调速系统在突加负载时，转速调节器 ASR 和电流调节器 ACR 两者均参与调节作用，通过系统调节作用使转速基本不变，系统调节后，_____。

A. ASR 输出电压增加　　　　B. 晶闸管变流器输出电压增加

C. ASR 输出电压减小　　　　D. 电动机电枢电流增大

　　E. ACR 输出电压增加

　　答案：B，C，D，E

37. 转速、电流双闭环直流调速系统中，在电源电压波动时的抗扰作用，主要通过电流调节器来调节。当电源电压起降时，系统调节过程中_____，以维持电枢电流不变，使电动机转速几乎不受电源电压波动的影响。

　　A. 转速调节器输出电压增大　　　　B. 电流调节器输出电压减小

　　C. 电流调节器输出电压增大　　　　D. 触发器控制角 α 减小

　　E. 触发器控制角 α 增大

　　答案：C，D

38. 转速、电流双闭环调速系统中转速调节器的作用有_____。

　　A. 转速跟随给定电压变化　　　　　B. 稳态无静差

　　C. 对负载变化起抗扰作用　　　　　D. 其输出限幅值决定允许的最大电流

　　E. 对电网电压起抗扰作用

　　答案：A，B，C，D

39. 转速、电流双闭环调速系统中电流调节器的作用有_____。

　　A. 对电网电压起抗扰作用

　　B. 启动时获得最大的电流

　　C. 电动机堵转时限制电枢电流的最大值

　　D. 转速调节过程中使电流跟随其给定电压变化

　　E. 对负载变化起抗扰作用

　　答案：A，B，C，D

40. 转速、电流双闭环调速系统中电流调节器的作用有_____。

　　A. 对电网电压起抗扰作用

　　B. 启动时获得最大的电流

　　C. 电动机堵转时限制电枢电流的最大值

　　D. 转速调节过程中使电流跟随其给定电压变化

　　E. 对负载变化起抗扰作用

　　答案：A，B，C，D

41. 晶闸管-电动机可逆直流调速系统的可逆电路形式有_____。

　　A. 两组晶闸管组成反并联连接电枢可逆调速电路

　　B. 接触器切换电枢可逆调速电路

　　C. 两组晶闸管组成交叉连接电枢可逆调速电路

　　D. 两组晶闸管组成磁场可逆调速电路

　　E. 接触器切换磁场可逆调速电路

　　答案：A，B，C，D，E

42. 晶闸管-电动机直流调速系统直流电动机工作在电动状态时_____。

　　A. 晶闸管变流器工作在整流工作状态、控制角 $\alpha > 90°$

　　B. 晶闸管变流器工作在整流工作状态、控制角 $\alpha < 90°$

　　C. 电磁转矩的方向和转速方向相反

　　D. 晶闸管变流器工作逆变工作状态、控制角 $\alpha > 90°$

E. 电磁转矩的方向和转速方向相同

答案：B，E

43. 电枢反并联可逆调速系统中，当电动机正向制动时，_____。

A. 电动机处于发电回馈制动状态

B. 反向组晶闸管变流器处于有源逆变工作状态、控制角 $\alpha > 90°$

C. 正向组晶闸管变流器处于有源逆变工作状态、控制角 $\alpha > 90°$

D. 反向组晶闸管变流器处于有源逆变工作状态、控制角 $\alpha < 90°$

E. 电动机正转

答案：A，B

44. 采用两组晶闸管变流器电枢反并联可逆系统有_____。

A. 有环流可逆系统　　　　　　　　　B. 逻辑无环流可逆系统

C. 错位无环流可逆系统　　　　　　　D. 逻辑有环流可逆系统

E. 错位有环流可逆系统

答案：A，B，C

45. 逻辑无环流可逆调速系统反转过程是由正向制动过程和反向启动过程衔接起来的，在正向制动过程中包括_____两个阶段。

A. 本桥逆变　　B. 本桥整流　　C. 它桥制动　　D. 它桥整流　　E. 它桥逆变

答案：A，E

46. 逻辑无环流可逆调速系统中，无环流逻辑装置中应设有_____电平检测器。

A. 延时判断　　B. 零电流检测　　C. 逻辑判断　　D. 转矩极性鉴别　E. 电压判断

答案：B，D

47. 测定三相交流电源相序可采用_____。

A. 相序测试器　　B. 单踪示波器　　C. 双踪示波器　　D. 所有示波器　　E. 图示仪

答案：A，C

48. 转速、电流双闭环调速系统调试时，一般是先调试电流环，再调试转速环。转速环调试主要包括_____。

A. 转速反馈极性判别，接成正反馈　　　　B. 调节转速反馈值整定电动机最高转速

C. 调整转速调节器输出电压限幅值　　　　D. 转速反馈极性判别，接成负反馈

E. 转速调节器 PI 参数调整

答案：B，C，D

49. 全数字调速系统与模拟控制调速系统相比，具有_____等优点。

A. 应用灵活性好　　　　　　　B. 性能好　　　　　　　　C. 调试及维修复杂

D. 可靠性高　　　　　　　　　E. 调试维修方便

答案：A，B，D，E

50. 按编码原理分类，编码器可分为_____等。

A. 增量式　　　　B. 相对式　　　　C. 减量式　　　　D. 绝对式　　　　E. 直接式

答案：A，D

51. 交流电动机调速方法有_____。

A. 变频调速　　　B. 变极调速　　　C. 串级调速

D. 调压调速　　　E. 转子串电阻调速

答案：A，B，C，D，E

52. 异步电动机变压变频调速系统中，调速时应同时_____。

    A. 改变定子电源电压的频率   B. 改变定子电源的电压

    C. 改变转子电压   D. 改变转子电压的频率

    E. 改变定子电源电压的相序

答案：A，B

53. 交-直-交变频器，按中间回路对无功能量处理方式的不同，可分为_____等。

    A. 电压型   B. 电流型   C. 转差率型   D. 频率型   E. 电抗型

答案：A，B

54. 变频调速中，变频器具有_____功能。

    A. 调压   B. 调电流   C. 调转差率   D. 调频   E. 调功率

答案：A，D

55. 变频调速中，交-直-交变频器一般由_____等部分组成。

    A. 整流器   B. 滤波器   C. 放大器   D. 逆变器   E. 分配器

答案：A，B，D

56. 变频调速系统中对输出电压的控制方式一般可分为_____。

    A. PFM 控制   B. PAM 控制   C. PLM 控制   D. PRM 控制   E. PWM 控制

答案：B，E

57. 电压型逆变器的特点是_____。

    A. 采用电容器滤波   B. 输出阻抗低   C. 输出电压为正弦波

    D. 输出电压为矩形波   E. 输出阻抗高

答案：A，B，D

58. 电流型逆变器的特点是_____。

    A. 采用大电感滤波   B. 输出阻抗低   C. 输出电流为正弦波

    D. 输出电流为矩形波   E. 输出阻抗高

答案：A，D，E

59. 常用的步进电动机有_____等种类。

    A. 同步式   B. 反应式   C. 直接式   D. 混合式   E. 间接式

答案：A，B

60. 步进电动机通电运行方式有_____等。

    A. 单三相三拍运行方式   B. 三相单三拍运行方式

    C. 三相双三拍运行方式   D. 三相六拍运行方式

    E. 单相三拍运行方式

答案：B，D

61. 步进电动机驱动电路一般由_____等组成。

    A. 脉冲发生控制单元   B. 脉冲移相单元   C. 功率驱动单元

    D. 保护单元   E. 触发单元

答案：A，C，D

62. 步进电动机功率驱动电路有_____等类型。

    A. 单电压功率驱动   B. 双电压功率驱动   C. 斩波恒流功率驱动

D.高低压功率驱动   E.三电压功率驱动

答案： A，B，D

三、判断题

1. 直流电动机改变电枢电压调速是恒转矩调速，弱磁调速是恒功率调速。

 答案： 正确

2. 调速范围是指电动机在额定负载情况下，电动机的最高转速和最低转速之比。

 答案： 正确

3. 直流调速系统中，给定控制信号作用下的动态性能指标（即跟随性能指标）有上升时间、超调量及调节时间等。

 答案： 正确

4. 调速系统中采用两个交流电流互感器组成电流检测装置时，两个交流电流互感器一般采用V形接法。

 答案： 正确

5. 交流、直流测速发电机属于模拟式转速检测装置。

 答案： 正确

6. 转速负反馈有静差调速系统中，转速调节器采用比例积分调节器。

 答案： 错误

7. 在转速负反馈直流调速系统中，当负载增加以后转速下降，可通过负反馈环节的调节作用使转速有所回升，系统调节前后，电动机电枢电压将增大。

 答案： 正确

8. 自动控制就是应用控制装置使控制正确对象，如机器、设备、生产过程等自动地按照预定的规律变化或运行。

 答案： 正确

9. 闭环控制系统的输出量不反送到输入端参与控制。

 答案： 错误

10. 闭环控制系统是建立在负反馈的基础上，按偏差进行控制的。

 答案： 正确

11. 放大校正元件的作用是正确给定量（输入量）进行放大与运算，校正输出一个按一定规律变化的控制信号。

 答案： 错误

12. 开环控制系统和闭环控制系统最大的差别，在于闭环控制系统存在一条从被控量到输出端的反馈信号。

 答案： 正确

13. 偏差量是由控制量和反馈量比较，由比较元件产生的。

 答案： 错误

14. 前馈控制系统建立在负反馈基础上按偏差进行控制。

 答案： 错误

15. 在生产过程中，如温度、压力控制，当被控量要求维持在某一值时，就要采用定值控制系统。

答案： 正确

16. 晶闸管-电动机系统与发电机-电动机系统相比较，具有响应快、能耗低、噪声小及晶闸管过电压、过载能力强等许多优点。

答案： 错误

17. 静差率与机械特性硬度以及理想空载转速有关，机械特性越硬，静差率越大。

答案： 错误

18. 晶闸管-电动机系统的主回路电流连续时，开环机械特性曲线是互相并行的，其斜率是不变的。

答案： 正确

19. 比例调节器（P调节器）一般采用反相输入，输出电压和输入电压是反相关。

答案： 正确

20. 正确积分调节器来说，当输入电压为零时，输出电压保持在输入电压为零之前那个瞬间的输出值。

答案： 正确

21. 比例积分调节器，其比例调节作用可以使得系统动态响应速度较快，而其积分调节作用又使得系统基本无静差。

答案： 正确

22. 调节放大器的输出外限幅电路中的降压电阻 R 可以不用。

答案： 错误

23. 带正反馈的电平检测器的输入，输出特性具有回环继电特性。回环宽度与 R_f、R_2 的阻值及放大器输出电压幅值有关。R_f 的阻值减小，回环宽度减小。

答案： 错误

24. 闭环调速系统的静特性是表示闭环系统电动机转速与电流（或转矩）的动态关系。

答案： 错误

25. 在转速负反馈系统中，若要使开环和闭环系统的理想空载转速相同，则闭环时给定电压要比开环时给定电压相应地提高 $1+K$ 倍。

答案： 正确

26. 转速负反馈调速系统对直流电动机的电枢电阻、励磁电流变化带来的转速变化无法进行调节。

答案： 错误

27. 无静差调速系统在静态（稳态）与动态过程中都是无差。

答案： 错误

28. 采用 PI 调节器的转速负反馈无静差直流调速系统负载变化时，系统调节过程开始和中间阶段，比例调节起主要作用。

答案： 正确

29. 电流截止负反馈的截止方法不仅可以采用稳压管作比较电压，而且也可以采用独立电源的电压比较来实现。

答案： 正确

30. 电流截止负反馈是一种只在调速系统主电路过电流下起负反馈调节作用的方法，用来限制主回路过电流。

答案： 正确

31. 电压负反馈调速系统对直流电动机电枢电阻、励磁电流变化带来的转速变化无法进行调节。

　　答案： 正确

32. 电流正反馈是一种对系统扰动量进行补偿控制的调节方法。

　　答案： 正确

33. 双闭环调速系统包括电流环的转速环。电流环为外环，转速环为内环。

　　答案： 错误

34. 转速电流双闭环调速系统中，转速调节器的输出电压是系统转速给定电压。

　　答案： 错误

35. 转速、电流双闭环调速系统，在突加给定电压启动过程中第一、二阶段，转速调节器处于饱和状态。

　　答案： 正确

36. 转速电流双闭环调速系统在突加负载时，转速调节器和电流调节器两者均参加调节作用，但转速调节器 ASR 处于主导作用。

　　答案： 正确

37. 转速电流双闭环系统在电源电压波动时的抗扰作用，主要通过转速调节器调节作用。

　　答案： 错误

38. 转速电流双闭环调速系统中，转速调节器 ARS 输出限幅电压作用是决定了晶闸管变流器输出电压最大值。

　　答案： 错误

39. 转速、电流双闭环直流调速系统中，在系统堵转时，电流转速调节器作用是限制了电枢电流的最大值，从而起到安全保护作用。

　　答案： 正确

40. 要改变直流电动机的转向，可以同时改变电枢电压和励磁电压的极性。

　　答案： 错误

41. 电动机工作在制动状态时，电动机电磁转矩的方向和转速方向相同。

　　答案： 正确

42. 在电枢反并联可逆系统中，当电动机反向制动时，正向晶闸管变流器的控制角。$\alpha > 90°$处于逆变状态。

　　答案： 正确

43. 采用两组晶闸管变流器电枢反并联可逆系统有有环流可逆系统、逻辑无环流可逆系统、直接无环流可逆系统等。

　　答案： 错误

44. 逻辑无环流可逆调速系统是通过无环流逻辑装置，保证系统在任何时刻都有一组晶闸管变流器加触发脉冲处于导通工作状态，而另一组晶闸管变流器的触发脉冲被封锁，而处于阻断状态，从而实现无环流。

　　答案： 正确

45. 在逻辑无环流可逆系统中，当转矩极性信号改变极性时，若零电流检测器发出零电流信号，则可以立即封锁原工作组，开放另一组。

答案：错误

46. 电平检测电路实质上是一个模数变换电路。

答案：正确

47. 当采用一个电容和两个灯泡组成的相序测定器测定三相交流电源相序时，若电容所接入的是 A 相，则灯泡亮的一相为 C 相。

答案：错误

48. 转速电流双闭环调速系统调试时，一般是先调试电流环，再调试转速环。

答案：正确

49. 全数字调速系统的应用灵活性、性能指标和可靠性优于模拟控制调速系统。

答案：正确

50. 按编码原理分类，编码器可分为绝对式和增量式两种。

答案：正确

51. 线绕式异步电动机采用转子串电阻调速时，串联的电阻越大，转速越高。

答案：错误

52. 电压型逆变器采用大电容滤波，从直流输出端看电源具有低阻抗，类似于电压源，逆变器输出电压为矩形波。

答案：正确

53. 电流型逆变器采用大电感滤波，直流电源呈低阻抗，类似于电流源，逆变器的输出电流为矩形波。

答案：错误

54. PWM 型逆变器是通过改变脉冲移相来改变逆变器输出电压幅值大小的。

答案：错误

55. 正弦波脉宽调制（SPWM）是指参考信号（调制波）为正弦波的脉冲宽度调制方式。

答案：正确

56. 在 SPWM 脉宽调制的逆变器中，改变参考信号（调制波）正弦波的幅值和频率，就可以调节逆变器输出基波交流电压的大小和频率。

答案：正确

57. 步进电动机是一种把脉冲信号转变成直线位移或角位移的元件。

答案：正确

58. 三相绕组按 A→B→C→A 通电运行方式称为三相单三拍运行方式。

答案：正确

59. 步进电动机驱动电路一般可由脉冲发生控制单元、功率驱动单元、保护单元等组成。

答案：正确

60. 步进电动机功率驱动单元有单电压驱动、双电压驱动、高低压驱动等类型驱动电路。

答案：正确

第二部分

电工技师试题集

第一模块　职业道德

一、单选题

1. 依法治国与以德治国的关系是_____。

A. 有先有后的关系　　　　　　　　B. 有轻有重的关系

C. 互相替代的关系　　　　　　　　D. 相辅相成、相互促进的关系

答案：D

2. 见利不忘义是古代传统美德，在现实条件下，正确的选择是_____。

A. 见利思己　　　　　　　　　　　B. 见利思义

C. 嘴上讲义，行动上讲利　　　　　D. 行小义，得大利

答案：B

3. 丰富的社会实践是指导人们发展、成材的基础。在社会实践中体验职业道德行为的方法中不包括_____。

A. 参加社会实践，培养职业情感　　B. 学做结合，知行统一

C. 理论联系实际　　　　　　　　　D. 言行不一

答案：D

4. 自我修养是提高职业道德水平必不可少的手段，自我修养不应_____。

A. 体验生活，经常进行"内省"　　　B. 盲目自高自大

C. 敢于批评自我批评　　　　　　　D. 学习榜样，努力做到"慎独"

答案：B

5. 职业道德是指_____。

A. 人们在履行本职工作中所应遵守的行为规范和准则

B. 人们在履行本职工作中所确立的奋斗目标

C. 人们在履行本职工作中所确立的价值观

D. 人们在履行本职工作中所遵守的规章制度

答案：A

6. 职业道德建设与企业发展的关系是_____。

A. 没有关系　　　B. 可有可无　　　C. 至关重要　　　D. 作用不大

答案：C

7. 企业加强职业道德建设，关键是_____。

A. 树立企业形象　　　　　　　　　B. 领导以身作则

C. 抓好职工教育　　　　　　　　　D. 建全规章制度

答案：B

8. 能否树立职业理想，正确的选择是_____。

A. 从事自己喜爱的职业，才能树立职业理想

B. 从事报酬高的的职业，才能树立职业理想

C. 从事社会地位高的的职业，才能树立职业理想

D. 确立正确的择业观，才能树立职业理想

答案：D

9. 职业道德所具有的特征是_____。

A. 范围上的有限性、内容上的稳定性和连续性、形式上的多样性

B. 范围上的广泛性、内容上的稳定性和连续性、形式上的多样性

C. 范围上的有限性、内容上的不稳定性和连续性、形式上的多样性

D. 范围上的有限性、内容上的稳定性和不连续性、形式上的多样性

答案：A

10. 在职业道德建设中，你认为正确的做法是_____。

A. 风来一阵忙，风过如往常

B. 常抓不懈，持之以恒

C. 讲起来重要，干起来次要

D. 生产好了，职业道德建设自然也好

答案：B

11. 你认为市场经济对职业道德建设带来何种影响_____。

A. 带来负面影响　　　　　　　B. 带来正面影响

C. 正、负面影响都有　　　　　D. 没有带来影响

答案：C

12. 职业道德建设与企业竞争力的关系是_____。

A. 互不相关　　　B. 源泉与动力关系　　　C. 相辅相成关系　　　D. 局部与全局关系

答案：B

13. 职业道德是指从事一定职业的人们，在_____的工作和劳动中，以其内心信念和特殊社会手段来维系的，以善恶进行评价的心理意识、行为原则和行为规范的总和。

A. 特定行业　　　B. 所有行业　　　C. 服务性行业　　　D. 教育

答案：A

14. 各行各业的职业道德规范_____。

A. 完全相同　　　　　　　　　B. 有各自的特点

C. 适用于所有的行业　　　　　D. 适用于服务性行业

答案：B

15. 职业道德是一种_____机制。

A. 强制性　　　B. 非强制性　　　C. 普遍　　　D. 一般

答案：C

16. 技术人员职业道德特点是_____。

A. 质量第一，精益求精　　　　B. 爱岗敬业

C. 奉献社会　　　　　　　　　D. 多劳多得

答案：A

17. 争做新时期"文明职工"，就要自觉做到_____。

A. 有理想、有道德、有技能、有纪律　　　B. 有理想、有道德、有文化、有纪律

C. 有道德、有文化、有技能、有纪律   D. 有理想、有技能、有文化、有纪律

答案：B

18. 在市场经济条件下，协作精神与保护知识产权的关系是_____。

A. 两者互相排斥   B. 两者相辅相成

C. 两者互不相干   D. 两者不能兼顾

答案：B

19. 企业要做到文明生产，必须做到_____。

A. 开展职工技术教育   B. 提高产品质量

C. 做好产品售后服务   D. 提高职业道德修养

答案：D

20. 文明经商，礼貌待客，是指对待顾客要_____。

A. 不动声色   B. 严肃认真   C. 主动热情   D. 见机行事

答案：C

21. 职业用语的基本要求是_____。

A. 语言热情、语气亲切、语言简练、语意明确

B. 语感热情、语气严肃、语言清楚、语意明确

C. 语感自然、语气亲切、语言详尽、语意明确

D. 语感自然、语调柔和、语流明快、语气严肃

答案：A

22. 下面有关人与职业关系的论述中错误的是_____。

A. 职业只是人的谋生手段，并不是人的需求

B. 职业是人的谋生手段

C. 从事一定的职业是人的需求

D. 职业活动是人的全面发展的最重要条件

答案：A

23. 下面有关职业道德与事业成功的关系的论述中错误的是_____。

A. 没有职业道德的人干不好任何工作

B. 职业道德只是从事服务性行业人员事业成功的重要条件

C. 职业道德是人事业成功的重要条件

D. 每一个成功的人往往都有较高的职业道德

答案：B

24. 下面有关职业道德与人格关系的论述中错误的是_____。

A. 人的职业道德品质反映着人的整体道德素质

B. 人的职业道德的提高有利于人的思想品德素质的全面提高

C. 职业道德水平的高低只能反映他在所从事职业中能力的大小，与人格无关

D. 提高职业道德水平是人格升华的最重要的途径

答案：C

25. _____标志着一个从业者的能力因素是否能胜任工作的基本条件，也是实现人生价值的基本条件。

A. 职业技能   B. 职业能力   C. 职业情感   D. 职业意识

答案：A

26. 职业道德建设与企业发展的关系是_____。

　　A. 没有关系　　　　　B. 可有可无　　　　　C. 至关重要　　　　　D. 作用不大

　　答案：C

27. 你对职业道德修养的理解是_____。

　　A. 个人性格的修养　　　　　　　　　B. 个人文化的修养

　　C. 思想品德的修养　　　　　　　　　D. 专业技能的提高

　　答案：C

28. 在现代化生产过程中，工序之间、车间之间的生产关系是_____。

　　A. 相互配合的整体　　　　　　　　　B. 不同的利益主体

　　C. 不同的工作岗位　　　　　　　　　D. 相互竞争的对手

　　答案：A

29. 文明礼貌是从业人员的基本素质，因为它是_____。

　　A. 提高员工文化的基础　　　　　　　B. 塑造企业形象的基础

　　C. 提高员工技术的基础　　　　　　　D. 提高产品质量的基础

　　答案：B

30. 你认为职工个体形象对企业整体形象是否有影响_____。

　　A. 不影响　　　　　B. 有一定影响　　　　　C. 影响严重　　　　　D. 损害了整体形象

　　答案：B

31. 在职业活动中，举止得体的要求是_____。

　　A. 态度恭敬、表情从容、行为适度、形象庄重

　　B. 态度谦逊、表情严肃、行为适度、形象庄重

　　C. 态度恭敬、表情从容、行为谨慎、形象庄重

　　D. 态度恭敬、表情严肃、行为敏捷、形象庄重

　　答案：A

32. 你对职业理想的理解是_____。

　　A. 个人对某种职业的向往与追求　　　B. 企业在市场竞争中目标和追求

　　C. 个人对业余爱好的目标与追求　　　D. 个人对生活水平的目标与追求

　　答案：A

33. 个人职业理想形成的主要条件是_____。

　　A. 人的年龄增长、环境的影响、受教育的程度、个人的爱好

　　B. 人的年龄增长、环境的影响、受教育的程度

　　C. 社会的需要、环境的影响、受教育的程度、个人具备的条件

　　D. 社会的需要、环境的影响、受教育的程度、个人的爱好

　　答案：C

34. 你认为职业理想与社会需要的关系是_____。

　　A. 社会需要是前提，离开社会需要就成为空想

　　B. 有了职业理想，就会有社会需求

　　C. 职业理想与社会需要相互联系，相互转化

　　D. 职业理想与社会需要互不相关

答案：A

35. 职业职责是指人们在一定职业活动中所承担的特定职责，职业职责的主要特点是_____。

A. 具有明确的规定性，具有法律及纪律的强制性

B. 与物质利益存在直接关系，具有法律及纪律的强制性

C. 具有明确的规定性，与物质利益有直接关系，具有法律及纪律强制性

D. 具有法律及纪律的强制性

答案：C

36. 办事公道其含义主要指_____。

A. 在当事人中间搞折中，不偏不倚，各打五十大板

B. 坚持原则，按一定的社会标准，实事求是地待人处事

C. 按领导的意图办事

D. 按与个人关系好的意见办事

答案：B

37. 要做到办事公道就应_____。

A. 坚持原则，不徇私情，举贤任能，不避亲疏

B. 奉献社会，襟怀坦荡，待人热情，勤俭持家

C. 坚持真理，公私分明，公平公正，光明磊落

D. 牺牲自我，助人为乐，邻里和睦，正大光明

答案：A

38. 职业道德行为的最大特点是自觉性和习惯性，而培养人的良好习惯的载体是日常生活。因此每个人都不应该_____。

A. 从小事做起，严格遵守行为规范

B. 从自我做起，自觉培养良好习惯

C. 在日常生活中按照一定目的，长期地教育和训练良好习惯

D. 在工作岗位上培养良好习惯，回家后就可以为所欲为

答案：D

39. 做好本职工作与为人民服务的关系是_____。

A. 本职工作与为人民服务互不相关

B. 人人都是服务对象，同时人人又都要为他人服务

C. 只有服务行业才是为人民服务

D. 管理岗位只接受他人服务

答案：B

40. 劳动者素质是指_____。

A. 文化程度　　　　　　　　　　B. 技术熟练程度

C. 职业道德素质与专业技能素质　　D. 思想觉悟

答案：C

41. 关于职业选择自由的观点，你认为正确的观点是_____。

A. 职业选择自由与"干一行，爱一行，专一行"相矛盾

B. 倡导职业自由选择，容易激化社会矛盾

C. 职业自由选择与现实生活不适应，做不到

D. 人人有选择职业的自由，但并不能人人都找到自己喜欢的职业

答案：D

42. 在市场经济条件下，职业自由选择的意义是_____。

A. 有利于实现生产资料与劳动力较好的结合；有利于取得较大经济效益；有利于优化社会风气；有利于促进人的全面发展

B. 有利于满足个人的喜好；有利于人才自由流动；有利于优化社会风气；有利于促进人的全面发展

C. 有利于企业引进人才；有利于取得较大经济效益；有利于企业减员增效；不利于职工安心工作

D. 有利于实现生产资料与劳动力较好的结合；有利于取得较大经济效益；不利于社会稳定；有利于促进人的全面发展

答案：A

43. 在个人兴趣、爱好与社会需要有时不一致时，正确的选择是_____。

A. 只考虑个人的兴趣、爱好

B. 暂时服从工作需要，有条件时跳槽

C. 服从党和人民的需要，在工作中培养自己的兴趣、爱好

D. 只能服从需要，干一天，凑合一天

答案：C

44. 在竞争中，企业能否依靠职工摆脱困境，你认为是_____。

A. 关键在于经营者决策，职工无能为力

B. 职工树立崇高的职业道德，与企业同舟共济，起死回生

C. 企业能否走出困境，关键在于市场

D. 职工不可能牺牲自己利益，与企业同心同德

答案：B

45. 在市场经济条件下，如何正确理解爱岗敬业_____。

A. 爱岗敬业与人才流动相对立

B. 爱岗敬业是做好本职工作的前提与基础

C. 只有找到自己满意的岗位，才能做到爱岗敬业

D. 给多少钱干多少活儿，当一天和尚撞一天钟

答案：B

46. 职工的职业技能主要是指_____。

A. 实际操作能力、与人交往能力、技术技能

B. 实际操作能力、业务处理能力、技术技能、相关的理论知识

C. 排除故障能力、业务处理能力、技术技能

D. 实际操作能力、业务自理能力、相关的理论知识

答案：B

47. 职工职业技能形成的主要条件是_____。

A. 先天的生理条件、长期职业实践、一定的职业教育

B. 师傅的传授技术、一定的职业教育

  C. 先天的生理条件、一定的职业教育

  D. 从事职业实践、一定的职业教育

  答案：A

48. 企业文化的主要功能是_____。

  A. 导向功能、激励功能、培育功能、推进功能

  B. 自律功能、导向功能、整合功能、激励功能

  C. 自律功能、整合功能、激励功能、培育功能

  D. 自律功能、导向功能、整合功能、推进功能

  答案：B

49. 企业文化的核心是_____。

  A. 企业经营策略 B. 企业形象 C. 企业价值观 D. 企业目标

  答案：C

50. 从业人员既是安全生产的保护对象，又是实现安全生产的_____。

  A. 关键 B. 保证 C. 基本要素 D. 需要

  答案：A

51. 1970 年美国进行导弹发射试验时，由于操作员将一个螺母少拧了半圈，导致发射失败，1990 年"阿里安"火箭爆炸，是由于工作人员不慎将一块小小的擦拭布遗留在发动机的小循环系统中。美国"挑战者"号航天飞机大爆炸，也是因为某个零件的不合格造成的。你认为导致事故的根本原因是_____。

  A. 操作员缺乏职业技能   B. 相关部门检查水平不高

  C. 管理制度不健全   D. 从业人员没有严格遵守操作规程

  答案：D

52. 1980 年美国"阿里安"火箭第二次试飞时，由于操作员不慎将一个商标碰落，堵塞了燃烧室喷嘴，导致发射失败。对于这个事故，你的感觉是_____。

  A. 这是偶然事故

  B. 做任何事情都需要精益求精

  C. 职业道德不重要，关键是提高职业技能

  D. 事故皆由粗心造成，与职业道德素质高低无关

  答案：B

53. 化工生产人员应坚持做到的"三按"是指_____。

  A. 按工艺、按质量、按标准生产 B. 按工艺、按规程、按标准生产

  C. 按产量、按质量、按标准生产 D. 按质量、按产量、按时间

  答案：B

54. 化工生产人员应坚持做到的"三检"是指_____。

  A. 自检、互检、专检   B. 日检、常规检、质检

  C. 自检、强制检、专检   D. 日检、自检、专检

  答案：A

55. 化工生产中强化职业责任是_____职业道德规范的具体要求。

  A. 团结协作 B. 诚实守信 C. 勤劳节俭 D. 爱岗敬业

  答案：D

56. 化工行业从业人员要具备特殊的职业能力，这是对从业者的_____要求。

    A. 职业素质　　　　　B. 职业性格　　　　　C. 职业兴趣　　　　　D. 职业能力

    答案：D

57. 在市场经济条件下，自利追求与诚实守信的关系是_____。

    A. 自利追求与诚实守信相矛盾，无法共存

    B. 诚实守信，有损自身利益

    C. 诚实守信是市场经济的基本法则，是实现自利追求的前提和基础

    D. 市场经济只能追求自身最大利益

    答案：C

58. 在条件不具备时，企业及个人对客户的要求_____。

    A. 可以做出承诺，先占有市场，然后想办法完成

    B. 不可以做出承诺，要实事求是，诚实守信

    C. 可以做出承诺，完不成时，再做解释

    D. 可以做出承诺，完不成时，强调客观原因

    答案：B

59. 认真贯彻公民道德建设实施纲要，弘扬爱国主义精神，要以集体主义为原则，以为人民服务为核心，以_____为重点。

    A. 诚实守信　　　　　B. 爱岗敬业　　　　　C. 无私奉献　　　　　D. 遵纪守法

    答案：A

60. 诚实守信是做人的行为规范，在现实生活中正确的观点是_____。

    A. 诚实守信与市场经济相冲突　　　　　B. 诚实守信是市场经济必须遵守的法则

    C. 是否诚实守信要视具体情况而定　　　D. 诚实守信是"呆""傻""恶"

    答案：B

61. 企业形象是企业文化的综合表现，其本质是_____。

    A. 企业建筑和员工服饰风格　　　　　B. 员工的文化程度

    C. 企业的信誉　　　　　　　　　　　D. 完善的规章制度

    答案：C

62. 为了取得政绩，企业亏损却上报盈利，对此你认为是_____。

    A. 为了显示政绩，取得上级信任与支持，可以理解

    B. 为了本单位的发展和职工的利益，给予支持

    C. 诚实守信，如实上报，想办法扭亏

    D. 老实人吃亏，对企业不利

    答案：C

63. 国内外有的企业确立"99＋1＝0"的企业文化，贯穿了一个核心精神，就是诚实守信。这个"1"就代表了企业在生产、经营和管理中的缺点、失误或不足，实际上就是对企业的不忠诚，对客户的不守信。对此，你认为是_____。

    A. 小题大做，要求过严　　　　　　　B. 否定成绩，以偏概全

    C. 培养企业员工诚信敬业精神　　　　D. 造成职工谨小慎微，束缚了员工积极性

    答案：C

64. 从职人员要求上班穿西装时，对衬衣和领带的要求是_____。

A. 衬衣要朴素，不宜太花哨，领带打结整齐

B. 衬衣要新潮，色彩宜艳丽，领带打结整齐

C. 衬衣要随自己的爱好，不必系领带

D. 衬衣要高级，可以花哨些，领带打结整齐

答案：A

65. 在下列选项中，对遵纪守法含义的错误解释是_____。

A. 在社会中人们结成一定的社会关系，社会关系具有一定的组织性和程序性，与此相关的社会规范，行为规范是社会固有的

B. 离开必要的规则，社会就会陷入混乱状态，不可能正常存在和发展

C. 规章制度是对人束缚，使人失去权利和自由

D. 没有规矩不成方圆

答案：C

66. 仪表端庄是从业人员的基本要求，对此，你认为_____。

A. 穿戴随个人的性格爱好，不必过分挑剔

B. 代表企业的形象，应严格要求

C. 穿戴好与坏由个人经济条件决定

D. 追求时髦是现代青年的特点

答案：B

67. 着装是仪表美的一种形式，凡统一着装的应当_____。

A. 做到衣、裤、帽子整齐，佩戴胸章

B. 衣、裤、帽子不必整齐，佩戴胸章

C. 做到衣、裤、帽子整齐，不必佩戴胸章

D. 大体外观一样，过得去就可以

答案：A

68. 在安全操作中，化工企业职业纪律的特点是具有_____。

A. 一定的强制性　　　　　　　　　　　B. 一定的弹性

C. 一定的自我约束性　　　　　　　　　D. 一定的团结协作性

答案：A

69. 在生产岗位上把好_____，是化工行业生产人员职业活动的依据和准则。

A. 质量关和安全关　　B. 产量关　　　　C. 科技创新关　　　　D. 节支增产关

答案：A

70. 在工作过程中与人发生争执时，_____。

A. 语言上不要针锋相对、克制自己，不使争执发展下去，要得理让人

B. 语言上要针锋相对、克制自己，不使争执发展下去，要得理让人

C. 语言上不要针锋相对、克制自己，不使争执发展下去，要得理不让人

D. 语言上不要针锋相对，要使争执发展下去，要得理让人

答案：A

71. 尊师爱徒是传统师徒关系的准则，在现实条件下，正确的选择是_____。

A. 徒弟尊重师傅，师傅不必尊重徒弟

B. 徒弟尊重师傅，师傅也尊重徒弟

C. 徒弟不必尊重师傅，师傅也不必尊重徒弟的

D. 用"哥们"关系取代师徒关系

答案：B

72. 在工作中，职工要做到举止得体，你的理解是_____。

A. 人的举止由情感支配，要随心所欲

B. 工作中行为、动作要适当，不要有过分或出格的行为

C. 人的性格不同，举止也不一样，不必强求

D. 处处小心谨慎，防止出现差错

答案：B

73. 待人热情是职业活动的需要，对此你认为是_____。

A. 要始终做到待人热情，关系到企业和个人形象

B. 要由个人心情好与坏而定，难于做到始终如一

C. 要视对方与自己关系好坏而定

D. 对不同地位、身份的人要区别对待

答案：A

74. 在市场经济条件下，对待个人利益与他人利益关系的正确做法是_____。

A. 首先要维护个人利益，其次考虑他人利益

B. 牺牲个人利益，满足他人利益

C. 个人利益的实现和他人利益的满足互为前提，寻找契合点

D. 损害他人利益，满足自己利益

答案：C

75. 下面有关团结互助、促进事业发展的论述错误的是_____。

A. 同行是冤家 　　　　　　　　　B. 团结互助能营造人际和谐氛围

C. 团结互助能增强企业凝聚力 　　D. 团结互助能使职工之间的关系和谐

答案：A

76. 团结互助的基本要求中不包括_____。

A. 平等尊重　　　　B. 相互拆台　　　　C. 顾全大局　　　　D. 互相学习

答案：B

77. 对于平等尊重叙述不正确的是_____。

A. 上下级之间平等尊重 　　　　　B. 同事之间相互尊重

C. 不尊重服务对象 　　　　　　　D. 师徒之间相互尊重

答案：C

78. 关于勤劳节俭的倡导，你认为正确的选择是_____。

A. 勤劳节俭阻碍消费，影响市场经济的发展

B. 发展市场经济只需要勤劳，不需要节俭

C. 勤劳节俭有利于节省资源，但与提高生产力无关

D. 勤劳节俭是促进经济和社会发展的动力

答案：D

79. 企业价值观主要是指_____。

A. 员工的共同价值取向、文化素质、技术水平

B. 员工的共同价值取向、心理趋向、文化定式

C. 员工的共同理想追求、奋斗目标、技术水平

D. 员工的共同理想追求、心理趋向、文化水平

答案：B

80. 企业经营之道主要是指_____。

A. 企业经营的指导思想、经营手段、经营途径

B. 企业经营的指导思想、产品设计、销售网络

C. 企业经营的指导思想、经营方针、经营战略

D. 企业经营的经营方针、经营战略、经营客户

答案：C

81. 下面有关勤劳节俭与增产增效之间关系的论述错误的是_____。

A. 勤劳能促进效率的提高

B. 节俭能降低生产成本，勤劳与增产增效无关

C. 节俭能降低生产成本

D. 勤劳节俭有利于增产增效

答案：B

82. 下面有关勤劳节俭的论述中正确的是_____。

A. 勤劳节俭有利于可持续发展

B. 勤劳节俭是中华民族的传统美德，与可持续发展无关

C. 勤劳节俭是持家之道，与可持续发展无关

D. 勤劳节俭是资源稀少的国家需要考虑的问题，我国地大物博，不用重视这个问题

答案：A

83. 企业要做到文明生产，你认为企业生产与保护环境的关系是_____。

A. 对立关系，要生产就难免出现污染

B. 相依存关系，环境靠企业建设，环境决定企业生存

C. 互不相关，环境保护是政府的事

D. 利益关系，企业为了实现最大效益，难免牺牲环境

答案：B

84. 你认为职工与环境保护的关系是_____。

A. 环境保护与职工关系不大

B. 环境保护是公民的职责与义务

C. 在企业利益与环境保护发生冲突时，职工应当维护企业的利益

D. 在企业利益与环境保护发生冲突时，职工无能为力

答案：B

85. 企业环保装置平时不用，上级检查时才用，对此，你的看法是_____。

A. 为了企业效益，这样做可以理解

B. 违背诚实守信，有损于环境

C. 睁一只眼，闭一只眼，不必事事认真

D. 企业利益，关系到职工利益，支持这种做法

答案：B

二、判断题

1. 法制观念的核心在于能用法律来平衡约束自己的行为，在于守法。

   答案： 正确

2. 遵纪守法的具体要求：一是学法、知法、守法、用法；二是遵守企业纪律和规范。

   答案： 正确

3. 职业道德与社会性质无关。

   答案： 错误

4. 社会主义市场经济对职业道德只有正面影响。

   答案： 错误

5. 企业职工和领导在表面看是一种不平等的关系，因此职工必须无条件地服从领导的指挥。

   答案： 错误

6. 文明礼貌是社会主义职业道德的一条重要规范。

   答案： 正确

7. 职业道德是个人获得事业成功的重要条件。

   答案： 正确

8. 人的职业道德品质反映着人的整体道德素质。

   答案： 正确

9. 职业道德是企业文化的重要组成部分。

   答案： 正确

10. 职业道德建设与企业发展的关系至关重要。

    答案： 正确

11. 办事公道是正确处理各种关系的准则。

    答案： 正确

12. 职业道德是人格的一面镜子。

    答案： 正确

13. 自我修养的提高也是职业道德的一个重要养成方法。

    答案： 正确

14. 各行各业的从业者都有与本行业和岗位的社会地位、功能、权利和义务相一致的道德准则和行为规范，并需要从业者遵守。

    答案： 正确

15. 诚实守信、爱岗敬业的具体要求是：树立职业理想、勤劳节俭、追求利益第一。

    答案： 错误

16. 遵纪守法是职业道德的基本要求，是职业活动的基本保证。

    答案： 正确

17. 爱岗敬业的具体要求是：树立职业理想、强化职业责任、提高职业技能。

    答案： 正确

18. 化工生产人员的爱岗敬业体现在忠于职守、遵章守纪，精心操作、按质按量按时完成生产任务。

    答案： 正确

19. 化工行业的职业道德规范是安全生产，遵守操作规程，讲究产品质量。

    答案： 正确

20. 尽职尽责是体现诚信守则的重要途径。化工生产工作中，一切以数据说话，用事实和数据分析判断工作的规律。

    答案： 正确

21. 识大体、顾大局、搞好群体协作是化工职业道德建设的重要内容之一。

    答案： 错误

22. 市场经济是信用经济。

    答案： 正确

23. "真诚赢得信誉，信誉带来效益"和"质量赢得市场，质量成就事业"都体现了"诚实守信"的基本要求。

    答案： 正确

24. 遵循团结互助的职业道德规范，必须做到平等待人、尊重同事、顾全大局、互相学习、加强协作。

    答案： 正确

25. 通过拉动内需，促进消费来带动生产力的发展可以不必节俭。

    答案： 错误

26. 文明生产的内容包括遵章守纪、优化现场环境、严格工艺纪律、相互配合协调。

    答案： 正确

27. 开拓创新是人类进步的源泉。

    答案： 正确

28. 班组交接班记录必须凭旧换新。

    答案： 正确

29. 交接班记录需要领导审阅签字。

    答案： 正确

30. 车间主要领导参加班组安全日活动每月不少于2次。

    答案： 错误

31. 车间主要领导参加班组安全日活动每月不少于3次。

    答案： 正确

32. 基本生产过程在企业的全部生产活动中居主导地位。

    答案： 正确

33. 企业的生产性质、生产结构、生产规模、设备工装条件、专业化协作和生产类型等因素，都会影响企业的生产过程组织，其中影响最大的是生产规模。

    答案： 错误

34. 企业的生产性质、生产结构、生产规模、设备工装条件、专业化协作和生产类型等因素，都会影响企业的生产过程组织，其中影响最大的是生产类型。

    答案： 正确

35. 日常设备检查是指专职维修人员每天对设备进行的检查。

    答案： 错误

36. 日常设备检查是指操作者每天对设备进行的检查。

答案：正确

37. 现场管理是综合性、全面性、全员性的管理。

    答案：正确

38. 通过对工艺指标分析和对比，可以找出设备运行中存在的不足和问题，有目的地加以优化和改进。

    答案：正确

39. 管理是通过计划、组织、激励、协调、控制等手段，为集体活动配置资源、建立秩序、营造氛围，以便达成预定目标的实践过程。

    答案：正确

40. 管理是通过计划、组织、控制、激励和领导等环节，来协调人力、物力和财力资源，以期更好地达成组织目标的过程。

    答案：正确

41. 管理采用的措施是计划、组织、控制、激励和领导这五项基本活动。这五项活动又被称之为管理的五大基本职能。所谓职能是指人、事物或机构应有的作用。

    答案：正确

42. 管理的目的是协调人力、物力和财力资源，是为使整个组织活动更加富有成效，这也是管理活动的根本目的。

    答案：正确

43. 科学管理是要把人治变为法治，按照法律法规结合本企业的实际，制定相关规章制度，员工按企业的规章制度去行事。科学管理是实现企业管理的基础，制度如同硬件，重视实现员工的价值观尤为重要。

    答案：正确

44. 质量管理是指确定质量方针、目标和职责，并通过质量体系中的质量策划、质量控制、质量保证和质量改进，使其实现的所有管理职能的全部活动。

    答案：正确

45. 质量管理包括质量策划、质量控制、质量保证和质量改进的全部活动。

    答案：正确

46. 科技和生产的发展，对质量管理的要求越来越高，对产品的安全性、可靠性、经济性等要求越来越迫切，要求运用"系统工程"的概念，把质量问题作为一个有机整体加以分析，实施全员、全过程、全企业的管理。

    答案：正确

47. 企业应根据国家有关计量器具与仪表装备检定规程，以及《化工行业计量管理实施细则》，参照本厂实际情况，制定本单位各种在用计量器具（包括各种流量计、变送器及多种量具等）的检定周期，按周期对各种计量器具进行检定，周期检定率不低于98%（能源部分不低于100%）。

    答案：正确

48. 企业组织计量人员的培训与考核，开展技术交流活动，推广新技术应用，不断提高计量管理技术管理水平。

    答案：正确

第二模块 基础知识

一、单选题

1. HSEQ 的含义是_____。

A. H 健康、E 安全、S 环境、Q 质量　　　　B. S 健康、H 安全、E 环境、Q 质量

C. H 健康、S 安全、E 环境、Q 质量　　　　D. H 健康、S 安全、Q 环境、E 质量

答案：C

2. 污染源主要是指_____。

A. 工业污染源、交通运输污染源、农业污染源和生活污染源

B. 工业污染源、农业污染源、生活污染源

C. 工业污染源和生活污染源

D. 工业污染源

答案：A

3. 在实际工作中，文明生产主要是指_____。

A. 遵守职业道德　　　B. 提高职业技能　　　C. 开展技术革新　　　D. 降低产品成本

答案：A

4. 文明生产的内容包括_____。

A. 遵章守纪、优化现场环境、严格工艺纪律、相互配合协调

B. 遵章守纪、相互配合协调、文明操作

C. 保持现场环境、严格工艺纪律、文明操作、相互配合协调

D. 遵章守纪、优化现场环境、保证质量、同事间相互协作

答案：A

5. 在我国职工初次上岗，要经过职业培训，培训重点是_____。

A. 思想政治教育、礼貌待人教育、职业纪律教育、职业道德教育

B. 思想政治教育、业务技术教育、企业形象教育、职业道德教育

C. 思想政治教育、业务技术教育、职业纪律教育、职业道德教育

D. 对外交往教育、业务技术教育、法律法规教育、职业道德教育

答案：C

6. 企业对员工的职业职责教育的有效途径是_____。

A. 完善各项规章制度、建立岗位评价监督体系

B. 依靠领导严格管理、奖优罚劣

C. 依靠职工的觉悟与良心

D. 依靠社会舆论监督

答案：A

7. 目前我国狭义职业教育主要是指_____。

A. 培养普通职业实用知识

B. 培养特定职业知识、实用知识、技能技巧

C. 培养普通职业技能技巧

D. 培养普通职业基础知识

答案：B

8. 勇于革新是中华民族的传统美德，关于创新正确的观点是_____。

A. 创新与继承相对立　　　　　　B. 在继承与借鉴的基础上的创新

C. 创新不需要引进外国的技术　　D. 创新就是要独立自主、自力更生

答案：B

9. 目前我国职业教育有广义和狭义之分，广义教育是指_____。

A. 按社会需要，开发智力、培养职业兴趣、训练职业能力

B. 按个人需要，培养职业兴趣、训练个人能力

C. 按个人需要，开发智力、训练就业能力

D. 按社会需要，开发智力、发展个性、培养就业能力

答案：A

10. 在市场竞争中，企业对员工进行职业培训与提高企业效益的关系_____。

A. 占用人力物力，得不偿失

B. 远水不解近渴，看不到实际效果

C. 从社会招聘高素质职工，比自己培训省时省力

D. 坚持培训，提高职工整体素质，有利于提高企业效益

答案：D

11. 专业理论知识与专业技能训练是形成职业信念和职业道德行为的前提和基础。在专业学习中训练职业道德行为的要求中不包括_____。

A. 增强职业意识，遵守职业规范　　B. 遵守道德规范和操作规程

C. 重视技能训练，提高职业素养　　D. 投机取巧的工作态度

答案：D

12. 下面有关开拓创新论述错误的是_____。

A. 开拓创新是科学家的事情，与普通职工无关

B. 开拓创新是每个人不可缺少的素质

C. 开拓创新是时代的需要

D. 开拓创新是企业发展的保证

答案：A

13. 下面有关开拓创新要有创造意识和科学思维的论述中错误的是_____。

A. 要强化创造意识　　　　　　B. 只能联想思维，不能发散思维

C. 要确立科学思维　　　　　　D. 要善于大胆设想

答案：B

14. 下面有关人的自信和意志在开拓创新中的作用的论述中错误的是_____。

A. 坚定信心不断进取　　　　　B. 坚定意志不断奋斗

C. 人有多大胆，地有多大产　　D. 有志者事竟成

答案：C

15. 班组交接班记录填写时，一般要求使用的字体是_____。

A. 宋体   B. 仿宋   C. 正楷   D. 隶书

答案：B

16. 不允许在岗位交接班记录中出现_____。

A. 凭旧换新   B. 划改内容   C. 撕页重写   D. 双方签字

答案：C

17. 下列选项中不属于班组安全活动的内容是_____。

A. 对外来施工人员进行安全教育

B. 学习安全文件、安全通报

C. 安全讲座，分析典型事故，吸取事故教训

D. 开展安全技术座谈，消防、气防实地救护训练

答案：A

18. 安全日活动每周不少于_____次，每次不少于**1h**。

A. 4   B. 3   C. 2   D. 1

答案：D

19. 设备布置图中，用_____线来表示设备安装基础。

A. 细实   B. 粗实   C. 虚   D. 点画

答案：B

20. 测量变压器绕组直流电阻的目的是_____。

A. 保证设备温升不超过上限   B. 判断绝缘是否受损

C. 判断绕组是否断股或接头接触不良   D. 判断绝缘状况

答案：C

21. 在储罐的化工设备图中，储罐的简体内径尺寸 $\phi 2000$ 表示的是_____尺寸。

A. 特性   B. 装配   C. 安装   D. 总体

答案：A

22. 关于零件图和装配图，下列说法不正确的是_____。

A. 零件图表达零件的大小、形状及技术要求

B. 装配图是表示装配及其组成部分的连接、装配关系的图样

C. 零件图和装配图都用于指导零件的加工制造和检验

D. 零件图和装配图都是生产上的重要技术资料

答案：C

23. 电气控制原理图中主电路的标号组成包括_____两个部分。

A. 文字标号和图形标号   B. 文字标号和数字标号

C. 图形标号和数字标号   D. 数字标号

答案：A

24. 电气控制原理图中辅助电路的标号用_____标号。

A. 文字   B. 图形   C. 数字   D. 其他

答案：C

25. 物体结构形状越复杂虚线就越多，为此，对物体上不可见的内部结构形状采用_____来表示。

A. 旋转视图   B. 局部视图   C. 全剖视图   D. 端面图

答案：C

26. 测量 6kV 及以上互感器线圈的绝缘电阻时，对兆欧表的要求是_____。
    A. 一、二次线圈均需要 1000V 兆欧表
    B. 一、二次线圈均需要 2500V 兆欧表
    C. 一次线圈用 2500V 兆欧表，二次线圈用 1000V 兆欧表
    D. 一次线圈用 2500V 兆欧表，二次线圈用 500V 兆欧表
    答案：C

27. 通常在用直流法测量单相变压器同名端时，用一个 1.5V 或 3V 的干电池接入高压绕组，在低压侧接一直流毫伏表或直流微安表。当合上刀闸瞬间表针向正方向摆动，则接电池正极的端子与接电表正极的端子为_____。
    A. 异名端　　　　　B. 同名端　　　　　C. 无法确定　　　　　D. 异极性
    答案：B

28. 介损是指电解质在交流电场的作用下由电解质的传导和吸收现象所产生的有功和附加损失之和。若一电压加在某一被试物上，则可看成是一个几何电容和一个有效电阻的串、并联等值电路，在串联电路中，介损 $\tan\delta$ 等于_____。
    A. $R\omega C$　　　　　B. $1/(R\omega C)$　　　　　C. $C/R\omega$　　　　　D. ω/RC
    答案：B

29. 不属于防尘、防毒技术措施的是_____。
    A. 改革工艺　　　　　B. 湿法除尘　　　　　C. 安全技术教育　　　　　D. 通风净化
    答案：C

30. 防尘、防毒治理设施要与主体工程_____、同时施工、同时投产。
    A. 同时设计　　　　　B. 同时引进　　　　　C. 同时检修　　　　　D. 同时受益
    答案：A

31. 高压电缆按发热条件选择后，还应校验_____。
    A. 其短路动稳定度　　　　　　　　　B. 其短路动稳定度和短路热稳定度
    C. 其短路热稳定度　　　　　　　　　D. 其电压损耗
    答案：C

32. 电缆根数少，敷设距离长的线路通常采用_____敷设。
    A. 直接埋地　　　　　B. 电缆沟　　　　　C. 电缆桥架　　　　　D. 架空悬吊
    答案：A

33. 柔软的绝缘复合材料主要用于_____。
    A. 电机绕组的对地绝缘、衬垫绝缘和匝间绝缘
    B. 变压器的绝缘
    C. 瓷瓶的绝缘
    D. 断路器的绝缘
    答案：A

34. 把 3 块磁体从中间等分成 6 块，可获得_____个磁极。
    A. 6　　　　　B. 8　　　　　C. 10　　　　　D. 12
    答案：D

35. 以下列材料分别组成相同规格的四个磁路，磁阻最大的材料是_____。
    A. 铁　　　　　B. 镍　　　　　C. 黄铜　　　　　D. 钴

答案：C

36. 在铁磁物质组成的磁路中，磁阻是非线性的原因是＿＿＿＿是非线性的。

　　A. 磁导率　　　　　　B. 磁通　　　　　　C. 电流　　　　　　D. 磁场强度

答案：A

37. 电流互感器伏安特性试验，主要是检查互感器的＿＿＿＿。

　　A. 容量　　　　　　　B. 绝缘　　　　　　C. 磁饱和程度　　　D. 极性

答案：C

38. 测量电流互感器极性的目的是＿＿＿＿。

　　A. 满足负载的要求　　　　　　　　　B. 保证外部接线正确

　　C. 提高保护装置动作的灵敏度　　　　D. 便于选用表计量

答案：B

39. 数据分组过多或测量读数错误而形成的质量统计直方图形状为＿＿＿＿形。

　　A. 锯齿　　　　　　　B. 平顶　　　　　　C. 孤岛　　　　　　D. 偏峰

答案：A

40. 把不同材料、不同加工者、不同操作方法、不同设备生产的两批产品混在一起时，质量统计直方图形状为＿＿＿＿形。

　　A. 偏向　　　　　　　B. 孤岛　　　　　　C. 对称　　　　　　D. 双峰

答案：D

41. 在质量管理过程中，以下哪个常用工具可用于明确"关键的少数"＿＿＿＿。

　　A. 排列图　　　　　　B. 因果图　　　　　C. 直方图　　　　　D. 调查表

答案：A

42. 质量统计图中，图形形状像"鱼刺"的图是＿＿＿＿图。

　　A. 排列　　　　　　　B. 控制　　　　　　C. 直方　　　　　　D. 因果

答案：D

43. 在质量统计控制图中，若某个点超出了控制界限，就说明工序处于＿＿＿＿。

　　A. 波动状态　　　　　　　　　　　　B. 异常状态

　　C. 正常状态　　　　　　　　　　　　D. 异常状态的可能性大

答案：D

44. 质量统计控制图的上、下控制限，可以用来＿＿＿＿。

　　A. 判断产品是否合格

　　B. 判断过程是否稳定

　　C. 判断过程能力是否满足技术要求

　　D. 判断过程中心与技术中心是否发生偏移

答案：B

45. 目前，比较流行的数据模型有三种，下列不属于这三种的是＿＿＿＿结构模型。

　　A. 层次　　　　　　　B. 网状　　　　　　C. 关系　　　　　　D. 星形

答案：D

46. 在计算机应用软件 VFP 数据库中，浏览数据表的命令是＿＿＿＿。

　　A. BROWS　　　　　　B. SET　　　　　　　C. USE　　　　　　D. APPEND

答案：A

47. 在应用软件 **PowerPoint** 中，演示文稿的后缀名是_____。

　　A. DOC　　　　　　B. xls　　　　　　C. ppt　　　　　　D. ppi

　　答案：C

48. **IP** 实际上是由两种协议组成，其中 **TCP** 表示_____。

　　A. 传输协议　　　　B. 网际协议　　　　C. 控制协议　　　　D. 分组协议

　　答案：B

49. 某单位的计算机通过一台集线器连接到网络上，这几台计算机采用_____网络结构。

　　A. 总线型　　　　　B. 星形　　　　　　C. 环型　　　　　　D. 三角形

　　答案：A

50. 使用 **SB-10** 型普通示波器观察信号波形时，欲使显示波形稳定，可以调节_____旋钮。

　　A. 聚焦　　　　　　B. 整步增幅　　　　C. 辅助聚焦　　　　D. 辉度

　　答案：B

51. 调节示波器控制屏幕上迹线清晰度的旋钮是_____。

　　A. FOCUS　　　　　B. POWER　　　　　C. INTENSITY　　　　D. SCALE ILLUM

　　答案：A

52. 示波器面板上的"辉度"旋钮就是调节_____的电位器旋钮。

　　A. 栅极上电压　　　　　　　　　　　B. 第一阳极上电压

　　C. 第二阳极上电压　　　　　　　　　D. 两个阳极间电压

　　答案：A

53. 通常在使用 **SBT-5** 型同步示波器观察被测信号时，"X 轴选择"应置于_____挡。

　　A. 1　　　　　　　　B. 10　　　　　　　C. 100　　　　　　D. 扫描

　　答案：D

54. 观察持续时间很短的脉冲时，最好用_____示波器。

　　A. 普通　　　　　　B. 双踪　　　　　　C. 同步　　　　　　D. 双线

　　答案：C

55. **SR-8** 型双踪示波器中的电子开关处在"交替"状态时，适合于显示_____的信号波形。

　　A. 两个频率较低　　　　　　　　　　B. 两个频率较高

　　C. 一个频率较低　　　　　　　　　　D. 一个频率较高

　　答案：B

56. 用 **SR-8** 型双踪示波器的屏幕显示波形周期为 **8Div**，"**t/Div**" 置于 **1μs/Div**，则波形的周期 T 为_____。

　　A. 8s　　　　　　　B. 8μs　　　　　　C. 8ms　　　　　　D. 0.8s

　　答案：B

57. 用 **SR-8** 型双踪示波器 Y 轴偏转因数开关 "**V/Div**" 位于 "**0.2**" 挡级，被测波形若是 **5.2Div**，则此信号的电压值为_____V。

　　A. 1.04　　　　　　B. 0.104　　　　　C. 10.4　　　　　　D. 104

　　答案：A

58. 非电量测量的关键是_____。

　　A. 把非电量变换成电量的变换技术和其传感器装置

B. 精密的测试仪器

C. 非电量变换成电量的技术

D. 高精度的传感器装置

答案：A

59. 热电阻是利用电阻与温度呈现一定函数关系的_____制成的感温元件。

A. 金属导体 　　　　　　　　　　　　B. 半导体

C. 金属导体或半导体 　　　　　　　　D. 绝缘体

答案：C

60. 测量仪表的量程一般应大于被测电量的最大值，并把被测量的指示范围选择在仪表满刻度的_____处，这时仪表准确度较高。

A. 1/2 　　　　　　B. 3/4 　　　　　　C. 1/2～2/3 　　　　　　D. 1/3

答案：C

61. 示波器中的扫描发生器实际上是一个_____振荡器。

A. 正弦波 　　　　　　B. 多谐 　　　　　　C. 电容三点式 　　　　　　D. 电感三点式

答案：A

62. 同步示波器采用触发扫描方式，即外界信号触发一次，就产生_____个扫描电压波形。

A. 1 　　　　　　B. 2 　　　　　　C. 3 　　　　　　D. 4

答案：A

63. SR-8 型双踪示波器中的电子开关有_____个工作状态。

A. 2 　　　　　　B. 3 　　　　　　C. 4 　　　　　　D. 5

答案：D

64. 在一般示波器上都设有扫描微调钮，该钮主要用来调节_____。

A. 扫描幅度 　　　　B. 扫描频率 　　　　C. 扫描频率和幅度 　　　　D. 扫描速度

答案：A

65. 在电工测量方法中，测量精度高，一般适用于精密测量的是_____。

A. 直接测量法 　　　　B. 间接测量法 　　　　C. 比较测量法 　　　　D. 无这样的方法

答案：C

66. 三相交流电路中，三相负载不对称，不可采用的测量方法是_____。

A. 一表法 　　　　B. 二表法 　　　　C. 三表法 　　　　D. 三相电度表

答案：A

67. 提高非电量测量质量的关键是_____。

A. 精密的测试仪器 　　　　　　　　　　B. 高精度的传感器

C. 高效的测量电路 　　　　　　　　　　D. 精确的显示装置

答案：B

68. DD862 型电能表能计量_____电能。

A. 单相有功 　　　　B. 三相三线有功 　　　　C. 三相四线有功 　　　　D. 单相无功

答案：A

69. 电桥、电位差计属于_____。

A. 指示仪表 　　　　B. 较量仪表 　　　　C. 数字式仪表 　　　　D. 记录仪表

答案：B

70. 示波器上观察到的波形，是由_____完成的。

A. 灯丝电压　　　　　B. 偏转系统　　　　　C. 加速极电压　　　　　D. 聚焦极电压

答案：B

71. J20 绝缘胶带一般用于电压等级为_____的场所。

A. 1000V 及以下　　　　　　　　　　　B. 500V 及以下

C. 1000V 以上　　　　　　　　　　　　D. 所有电压等级都可使用

答案：C

72. 关于热缩材料的处理方法，正确的是_____。

A. 应用慢火沿着管套四周均匀加热，火焰朝收缩前进方向缓慢均匀移动

B. 应用慢火对准管套中心加热，火焰朝收缩前进方向缓慢均匀移动

C. 切割热缩管时对断面无要求

D. 加热收缩部位一般可以由上往下进行（终端头）

答案：A

73. 交联电缆热缩型终端头制作中，用于改善电场分布的是_____。

A. 应力控制管　　　　　　　　　　　　B. 分支手套

C. 收缩管　　　　　　　　　　　　　　D. 一定的加热温度

答案：A

74. 选择低压动力线路导线截面积时应先按_____进行计算，然后再对其他条件进行校验。

A. 发热条件　　　　B. 经济电流密度　　　　C. 机械强度　　　　D. 允许电压损失

答案：A

75. 若铜导线的允许电流密度选取 $6A/mm^2$，18A 的负荷电荷电流应选用_____mm^2 铜导线。

A. 25　　　　　　　B. 8　　　　　　　C. 1.5　　　　　　　D. 4

答案：D

76. 对于照明线路，一般按允许电压损耗的_____%来选择截面积。

A. 5　　　　　　　B. 2.5　　　　　　　C. 4　　　　　　　D. 3.5

答案：B

77. 某单相照明线路的额定电流为 12A，使用 BLVV 型护套线明敷设，其截面应选_____mm^2。

A. $2×1.5$　　　　B. $2×2.5$　　　　C. $2×4$　　　　D. $2×6$

答案：B

78. 选择高压电缆的截面积时，要校验的条件是_____。

A. 动稳定度　　　　B. 热稳定度　　　　C. 机械强度　　　　D. 最高工作温度

答案：B

二、多选题

1. 在计算机应用软件中，VFP 能用来建立索引的字段是_____字段。

A. 通用型（图文型）　　　　　　　　　B. 备注（文本型）

C. 日期　　　　　　　　　　　　　　　D. 逻辑

答案：C，D

2. 关于幻灯片的背景，说法不正确的是_____。

A. 只有一种背景　B. 可以是图片　　C. 不能更改　　　D. 以上都错

答案：A，C，D

3. 计算机网络可分为_____三大类。

A. 远程网　　　　B. 局域网　　　　C. 总线网　　　　D. 紧耦合网　　　　E. 无线网

答案：A，B，D

4. 工业控制用的局域网络与一般的局域网络相比，具有_____特点。

A. 快速实时响应能力　　　　　　　B. 采用冗余技术，可靠性高

C. 适用恶劣的工业现场环境　　　　D. 开放系统互连和互操作性

E. 连续性

答案：A，B，C，D

5. 局域网络（LAN）具有_____特点。

A. 有限的地理范围，传输距离一般在几百米至几千米

B. 较高的通信速率，一般在几百千波特率至几十兆波特率之间

C. 通信可靠，误码率低，一般误码率在 $10^{-8}\sim10^{-11}$ 数量级

D. 适用恶劣的工业现场环境

E. 开放系统互连和互操作性

答案：A，B，C

6. 通信双方事先约定通信的是_____和_____规则的集合。

A. 语义　　　　　B. 文字　　　　　C. 语法　　　　　D. 语言　　　　　E. 语句

答案：A，C

7. 网络是地理上分散的多台独立自主的遵循约定的通信协议，通过软、硬件互连，以实现_____及在线处理等功能的系统。

A. 相互通信　　　B. 资源共享　　　C. 信息交换　　　D. 协同工作　　　E. 相互交换

答案：A，B，C，D

8. 决定网络特性的主要技术有_____。

A. 用以传输数据的传输介质　　　　　　　B. 用以连接各种设备的拓扑结构

C. 用以资源共享的介质访问控制方法　　　D. 在线处理方法

E. 在线传送

答案：A，B，C

9. 工业控制用局域网络常用的通信媒体有_____几种。

A. 双绞线　　　　B. 同轴电缆　　　C. 光导纤维　　　D. 无线电　　　　E. 三角线

答案：A，B，C

10. 常见的数据通信的网络拓扑结构有_____。

A. 树形　　　　　B. 总线型　　　　C. 星形　　　　　D. 环形　　　　　E. 圆形

答案：B，C，D

11. 合同可以以_____形式存在。

A. 口头　　　　　B. 批准　　　　　C. 登记　　　　　D. 公正

答案：A，B，C，D

12. 下列说法中属于无效合同特征的有_____。

A. 无效合同自合同被确认无效时起无效

B. 对无效合同要进行国家干预

C. 无效合同具有不得履行性

D. 无效合同的违法性

答案：A，B，C，D

13. 在进行电压源与电流源互换时，应注意的事项是_____。

A. I_s 的正方向与 E 的方向应一致

B. 等效是对外路而言的

C. 理想电压源与理想电流源不能等效互换

D. 等效对外电路对内电路均有效

答案：A，B，C

14. 将三相对称负载联成 Y 形接到三相对称电源上，现测得 U 相电流为 10A，则 U 相、V 相、W 相的线电流的解析式为_____ A。

A. $i_v = 10\sqrt{2}\sin\omega t$

B. $i_w = 10\sqrt{2}\sin(\omega t + 120°)$

C. $i_w = 10\sqrt{2}\sin\omega t$

D. $i_v = 10\sqrt{2}\sin(\omega t - 120°)$

答案：B，D

15. 在 RLC 串联电路中，已知 $R = 30\Omega$，$L = 254$Hm，$C = 80\mu$F。电源电压 $u = \sqrt{2} \times 220\sin(314t + 30°)$，则电路的复功为_____。

A. $968\angle 7°$

B. $968\angle 53°$

C. $582.5 - j773.1$

D. $582.5 + j773.1$

答案：B，D

16. 三相正弦交流电路中，视在功率等于_____。

A. 电路实际所消耗的功率

B. 有功功率除以功率因数

C. 有功功率与无功功率之和

D. 线电流与线电压之积的 $\sqrt{3}$ 倍

答案：B，D

17. 在对称三相电流电路中，负载接成三角形时，_____。

A. 线电流是相电流的 $\sqrt{3}$ 倍

B. 线电压是相电压的 $\sqrt{3}$ 倍

C. 线电流与相电流相等

D. 线电压与相电压相等

答案：A，D

18. RLC 串联电路发生串联谐振时，下列描述正确的是_____。

A. 阻抗角等于零

B. 电压与电流反相

C. 电路表现为感性

D. 电路表现为纯电阻性

答案：A，D

19. 三相四线制中，三相不对称负载供电特点有_____。

A. 各相负载所承受的电压为对称的电源相电压，与负载是否对称无关

B. 各线电流等于相应的各负载的相电流

C. 中线电流等于三个负载电流的相量和

D. 中性线的作用：使三相电路能够成为互不影响的独立电路，无论各相负载如何变动都不影响各相电压

答案：A，B，C，D

20. 互感电动势的方向与_____有关。

A. 互感磁通的变化趋势 B. 磁场的强弱

C. 线圈的绕组数 D. 线圈的绕向

答案：A，D

21. 产生周期性非正弦交流电的来源有_____。

A. 电源电动势不是正弦交流量

B. 电路中具有几个不同频率的正弦电动势共同作用

C. 电路中有非线性元件

D. 电路中有线性电阻

答案：A，B，C

22. 若要测量非正弦周期电压或电流的有效值，应选用_____来进行。

A. 磁电系仪表 B. 整流系仪表 C. 电磁系仪表 D. 电动系仪表

答案：C，D

23. 减少铁芯中磁滞损耗的办法有_____。

A. 选用硬磁材料做铁芯 B. 选用磁导率高的软磁材料做铁芯

C. 铁芯钢片中加入适量的硅 D. 提高电源电压的频率

答案：B，C

24. 交流电磁铁吸合过程中，下列描述正确的是_____。

A. 磁阻由大到小 B. 吸力大小基本不变

C. 线圈的电感量由小到大 D. 线圈电流由大到小

答案：A，C，D

25. 用初始值、稳态值和时间常数来分析线性电路过渡过程的方法叫做三要素法。它适用于_____元件的线性电路过渡过程分析。

A. R、C B. R、L C. R、L、C D. R 串联

答案：A，B

26. 磁路欧姆定律可由_____来证明其正确。

A. 描述磁场性质的磁通连续性原理 B. 安培环路定律

C. 楞次定律 D. 磁路欧姆定律

答案：A，B

27. 一组不对称三相系统的向量，可以看作是三组对称三相系统的分量的合成，这三组对称系统的向量叫做该不对称三相系统向量的对称分量，分别叫_____。

A. 正序分量 B. 负序分量 C. 不对称分量 D. 零序分量

答案：A，B，D

28. 用兆欧表测量绝缘电阻时，总的电流由_____电流合成。

A. 泄漏 B. 充电 C. 电容 D. 吸收

答案：A，C，D

29. 测量绝缘电阻时外界影响因素有周围环境_____及被试设备加压时间的长短，都能影响测量数据。

A. 电场 B. 温度 C. 湿度 D. 磁场

答案：B，C

30. 测量绝缘电阻时吸收现象的持续时间长短与_____有关。

A. 设备的绝缘结构　　　　　　　B. 设备的绝缘状况

C. 测量仪表的输出容量　　　　　D. 绝缘介质的种类

答案：A，B，C，D

31. 直流泄漏试验中出现_____情况时，可认为设备直流泄漏试验不合格。

A. 被试物发生击穿现象

B. 被试物发生间歇性击穿现象（微安表大幅度周期性摆动）

C. 试验后的绝缘电阻比试验前显著降低

D. 泄漏电流值比上次试验值增加的变化量很大

答案：A，B，C，D

32. 直流耐压试验测得的泄漏电流值，应排除_____等影响因素。

A. 湿度　　　B. 温度　　　C. 设备串容量　　　D. 污染

答案：A，B，D

33. 通过测 $\tan\delta = (U)$ 的曲线，观察 $\tan\delta$ 是否随电压而上升，来判断绝缘内部是否有_____等缺陷。

A. 受潮　　　B. 干燥　　　C. 分层　　　D. 裂纹

答案：C，D

34. 测量 $\tan\delta$ 时，有_____等外界影响因素，都能影响其测量数据。

A. 表面污染　　B. 温度　　C. 湿度　　D. 加压时间

答案：A，B，C

35. 在进行交流耐压试验前，必须对被试品先进行_____等项目的试验，并合格。

A. 绝缘电阻、吸收比　　　　　　B. 泄漏电流

C. 介质损失角　　　　　　　　　D. 励磁特性试验

答案：A，B，C

36. 对于运行中的绝缘油简化试验，测定的主要项目有_____。

A. 水溶性酸 pH 值　　B. 酸值　　C. 闪点　　D. 击穿电压

答案：A，B，C

37. 绝缘油中溶解气体"预规 DL/T 596—1996"规定的注意值是指_____等。

A. 总烃　　　B. 丙烷　　　C. 乙炔　　　D. 氢

答案：A，C，D

38. 继电保护的基本要求有_____。

A. 安全性　　B. 选择性　　C. 快速性　　D. 灵敏性

答案：B，C，D

39. 晶体管型继电器电压形成回路由_____组成。

A. 信号发生器　　　　　　　　　B. 电压变换器

C. 电流变换器　　　　　　　　　D. 电感变压器

答案：B，C，D

40. 输电线路的高频保护由_____组成。

A. 继电保护　　B. 低频通道　　C. 收发信机　　D. 高频通道

答案：A，C，D

41. 母排用_____方法连接，以防止热胀冷缩。

    A. 软连接   B. 伸缩节   C. 硬连接   D. 电缆连接

    答案：A，B，D

三、判断题

1. 实际的电压源与实际的电流源之间，满足一定条件时可以互相等效。

    答案：正确

2. 叠加原理可用来计算线性电路的功率，但不适用于计算非线性电路的功率。

    答案：错误

3. 叠加原理可用来计算非线性电路的功率，但不适用于计算线性电路的功率。

    答案：错误

4. 线性电路的功率不能用叠加原理来计算。

    答案：正确

5. 非线性电路的功率不能用叠加原理来计算。

    答案：正确

6. 如将一个 Y 网络转换为△网络，当 Y 网络的三电阻值都相等时，则转换后的△网络中的三电阻值也相等，均为 Y 网络中电阻值的 3 倍。

    答案：正确

7. 一段含源支路中，其两端的复电压等于复电动势与复阻抗上压降的代数和。

    答案：正确

8. 交流电路中，流经任一节点的复电流的代数和恒等于零，即 $\sum I = 0$。

    答案：正确

9. 交流电路中，基尔霍夫第一定律和第二定律，写成瞬时值表达形式、有效值表达形式或复数表达形式均成立。

    答案：错误

10. 交流电路中，基尔霍夫第一定律和第二定律，写成瞬时值表达形式或复数表达形式均成立，但写成有效值表达形式不成立。

    答案：正确

11. 交流电路中，基尔霍夫第一定律和第二定律，写成有效值表达形式不成立。

    答案：正确

12. 交流电路中，基尔霍夫第一定律和第二定律，写成有效值表达形式也成立。

    答案：错误

13. 交流电路中，基尔霍夫第一定律和第二定律，写成瞬时值表达形式或复数表达形式均成立。

    答案：正确

14. 当 RLC 串联电路发生谐振时，电路中的电流有效值将达到其最大值。

    答案：正确

15. RLC 并联电路发生并联谐振，则其 $B = B_L - B_C = 0$，电路表现为感性。

    答案：错误

16. RLC 并联电路发生并联谐振，则其 $B = B_L - B_C = 0$，电路表现为容性。

答案： 错误

17. RLC 并联电路发生并联谐振，则其 $B = B_L - B_C = 0$，电路表现为纯电阻性。

答案： 正确

18. 一个二端网络，其电压和电流的最大值的乘积称为视在功率。

答案： 错误

19. 一个二端网络，其电压和电流的有效值的乘积称为视在功率。

答案： 正确

20. 对任一正弦交流电路，总视在功率等于各部分视在功率之和。

答案： 错误

21. 对任一正弦交流电路，总视在功率不等于各部分视在功率之和。

答案： 正确

22. 三相不对称负载电路有中线时，中线电流等于三个负载电流的相量和。

答案： 正确

23. 不对称三相电路的视在功率等于各相电路视在功率之和。

答案： 错误

24. 不对称三相电路的视在功率并不等于各相电路视在功率之和，应根据公式 $S_s = \sqrt{P^2 + Q^2}$ 来计算。

答案： 正确

25. 三相对称负载接成三角连接后，接于对称三相电源上，每相负载消耗的功率为 $P = \frac{\sqrt{3}}{3} U_1 I_1 \cos\varphi$。

答案： 正确

26. 只要是三相负载，其三相功率都可以用 $P = 3U_p I_p \cos\varphi$ 计算得到。

答案： 错误

27. 只有对称三相负载，其三相功率可以用 $P = 3U_p I_p \cos\varphi$ 计算得到。

答案： 正确

28. 互感线圈顺接就是把线圈的同名端相连接。

答案： 错误

29. 互感线圈顺接就是把线圈的异名端相连接。

答案： 正确

30. 一个非正弦的周期电量，可以用直流分量和谐波分量来表示，其中次数较低的谐波，由于其分量较小，常略去不计。

答案： 正确

31. 一个非正弦的周期电量，可以用电压分量和谐波分量来表示。

答案： 错误

32. 非正弦交流电最大值和有效值的关系仍然满足 $I_M = \sqrt{2} I$。

答案： 错误

33. 非正弦交流电最大值和有效值的关系不是简单的 $\sqrt{2}$ 倍关系。

答案： 正确

34.非正弦周期电流的波形若全部在横轴的上方，则计算出的平均值与直流分量相等。

答案： 正确

35.非正弦交流电的平均功率等于其直流分量的功率。

答案： 正确

36.非正弦交流电的平均功率等于其直流分量的功率与各次谐波平均功率之和。

答案： 正确

37.交流电磁铁接于正常的电源上，由于某种原因未能完全吸合，则其线圈将很快发热，甚至烧坏。

答案： 正确

38.交流磁路和直流磁路中均存在铁损。

答案： 错误

39.交流磁路中存在铁损，直流磁路中不存在铁损。

答案： 正确

40.交流磁路中不存在铁损，直流磁路中存在铁损。

答案： 错误

41.电路发生换路时，电容元件上的电流不能发生突变。

答案： 错误

42.电路发生换路时，电容元件上的电压不能发生突变。

答案： 正确

43.电路发生换路时，电感元件上的电流不能发生突变。

答案： 正确

44.电路发生换路时，电感元件上的电压不能发生突变。

答案： 错误

45.零值初始条件下，换路后的一瞬间，电感相当于短路。

答案： 错误

46.零值初始条件下，换路后的一瞬间，电感相当于开路。

答案： 正确

47.在零值初始条件下，电路在换路后的一瞬间，电容相当于短路，电感相当于开路。

答案： 正确

48.在零值初始条件下，电路在换路后的一瞬间，电容相当于开路，电感相当于短路。

答案： 错误

49.在正常状况下，电力系统各种电气参数中只包含正序分量，而没有负序分量和零序分量。

答案： 正确

50.在三个幅值相同、频率相同、相位互差 120°，最大值出现的顺序是 A、C、B 的三相交流电称为负序交流电。

答案： 正确

51.串联稳压电路的输出电压可以任意。

答案： 错误

52.如果三相负载是对称的，则三相电源提供的总有功功率，应等于每相负载上消耗的有功功率的 3 倍。

答案： 正确

53. 把电容器串联在线路上以补偿电路电抗，可以改善电压质量，提高系统稳定性和增加电力输出能力。

答案： 正确

54. 在 R、L、C 并联电路中，总电流的瞬时值时刻都等于各元件中电流瞬时值之和；总电流的有效值总会大于各元件上的电流有效值。

答案： 错误

55. 应用基尔霍夫电流定律列电流定律方程，无须事先标出各支路中电流的参考方向。

答案： 错误

56. 基尔霍夫电流定律是确定节点上各支路电流间关系的定律。

答案： 正确

57. 基尔霍夫电压定律不适用回路部分电路。

答案： 错误

58. 列基尔霍夫电压方程时，规定电位升为正，电位降为负。

答案： 正确

59. 叠加原理不仅适于电流和电压的计算，也适用于功率的计算。

答案： 错误

60. 设备布置图是构思建筑图的前提，建筑图又是设备布置图的依据。

答案： 正确

61. 在化工设备图中，由于零件的制造精度不高，故允许在图上将同方向（轴向）的尺寸注成封闭形式。

答案： 正确

62. 装配图中，当序号的指引线通过剖面线时，指引线的方向必须与剖面线平行。

答案： 错误

63. 装配图中当序号的指引线通过剖面线时，指引线的方向必须与剖面线不平行。

答案： 正确

64. 绘制电气控制线路安装图时，不在同一个控制箱内或同一块配电板上各电气元件之间导线的连接，必须通过接线端子。在同一个控制箱内或同一块配电板上的各电气元件之间的导线连接，可直接相连。

答案： 正确

65. 清洁生产审计的目的是通过清洁生产审计，判定生产过程中不合理的废物流和物、能耗部位，进而分析其原因，提出削减它的可行方案并组织实施，从而减少废弃物的产生和排放，达到实现本轮清洁生产目标。

答案： 正确

66. 可容许的风险就是用人单位依据法律法规要求和 HSE 方针认为可接受的。

答案： 错误

67. 安全检查的任务是发现和查明各种危险和隐患，督促整改；监督各项安全管理规章制度的实施；制止违章指挥、违章作业。

答案： 正确

68. 电气安全管理制度规定了电气运行中的安全管理和电气检修中的安全管理。

  答案： 正确

69. 综合性季度检查中，安全生产不仅是重要内容，还实行一票否决权。

  答案： 正确

70. 工业毒物按物理状态可分为粉尘、固体、液体、蒸汽和气体五类。

  答案： 错误

71. 化工污染一般是由生产事故造成的。

  答案： 错误

72. 工业废水的处理方法有物理法、化学法和生物法。

  答案： 正确

73. 城市生活污水的任意排放；农业生产中农药、化肥使用不当；工业生产中"三废"的任意排放，是引起水污染的主要因素。

  答案： 正确

74. 防毒工作可以采取隔离的方法，也可以采取敞开通风的方法。

  答案： 正确

75. 因为环境有自净能力，所以轻度污染物可以直接排放。

  答案： 错误

76. 虽然环境有自净能力，轻度污染物也不可以直接排放。

  答案： 正确

77. 地下水受到污染后会在很短时间内恢复到原有的清洁状态。

  答案： 错误

78. 改革能源结构，有利于控制大气污染源。

  答案： 正确

79. 为了从根本上解决工业污染问题，就是要采用少废无废技术，即采用低能耗、高消耗、无污染的技术。

  答案： 错误

80. 含汞、铬、铅等的工业废水不能用化学沉淀法治理。

  答案： 错误

81. 大气污染主要来自燃料燃烧、工业生产过程、农业生产过程和交通运输过程。

  答案： 正确

82. 废渣处理首先考虑综合利用的途径。

  答案： 正确

83. 数据库就是存储和管理数据的仓库。

  答案： 错误

84. 数据库就是按一定结构存储和管理数据的仓库。

  答案： 正确

85. 在计算机应用软件 VFP 数据表中，日期字段的宽度一般为 10 个字符。

  答案： 错误

86. 在计算机应用软件 VFP 数据表中，日期字段的宽度一般为 8 个字符。

  答案： 正确

87. 在应用软件 PowerPoint 中，可以插入 WAV 文件、AVI 影片，但不能插入 CD 音乐。

答案： 错误

88. 在 PowerPoint 中可以插入 WAV 文件、AVI 影片，也能够插入 CD 音乐。

答案： 正确

89. 在应用软件 PowerPoint 中播放演示文稿的同时，单击鼠标右键，选择"指针选项"中的"画笔"选项，此时指针会自动变成一支画笔的形状，按住鼠标左键，就可以随意书写文字了。

答案： 正确

90. 计算机网络的远程网是指分布在很大地理范围内的网络，传输距离在数千米以上的网络。

答案： 正确

91. 计算机网络的局域网是指传输距离在几千米以内的网络。

答案： 正确

92. 计算机网络的紧耦合网，也称为多处理机系统，传输距离局限于几米之内。

答案： 正确

93. 网络协议是通信双方事先约定通信的语义和语法规则的集合。

答案： 正确

94. 网络协议的三个要素是：语法、语义和定时。

答案： 正确

95. 以太网采用 CSMA/CD 协议。

答案： 正确

96. TCP/IP 实际上是由两种协议组成，其中 TCP 表示网际协议。

答案： 正确

97. 在小型局域网中，通信速度较快的网络协议是 NetBU（E）。

答案： 正确

98. 几台计算机通过一台集线器连接到网络上，这几台计算机采用总线型网络结构。

答案： 正确

99. IP 地址的动态配置和有关信息的动态主机配置协议简称 DHCP。

答案： 正确

100. USB 为通用串行总线，是高速总线接口。

答案： 正确

第三模块　电气设备装调与维修

一、单选题

1. 工作范围是指机器人_____或手腕中心所能到达的点的集合。

　　A. 机械手　　　　　　B. 手臂末端　　　　　C. 手臂　　　　　　　D. 行走部分

答案：B

2. 机器人的精度主要依存于_____、控制算法误差与分辨率系统误差。

　　A. 传动误差　　　　　B. 关节间隙　　　　　C. 机械误差　　　　　D. 连杆机构的挠性

答案：C

3. 滚转能实现 360°无障碍旋转的关节运动，通常用_____来标记。

　　A. R　　　　　　　　B. W　　　　　　　　C. B　　　　　　　　D. L

答案：A

4. RRR 型手腕是_____自由度手腕。

　　A. 1　　　　　　　　B. 2　　　　　　　　C. 3　　　　　　　　D. 4

答案：C

5. 真空吸盘要求工件表面_____、干燥清洁，同时气密性好。

　　A. 粗糙　　　　　　　B. 凸凹不平　　　　　C. 平缓突起　　　　　D. 平整光滑

答案：D

6. 同步带传动属于_____传动，适合于在电动机和高速比减速器之间使用。

　　A. 高惯性　　　　　　B. 低惯性　　　　　　C. 高速比　　　　　　D. 大转矩

答案：B

7. 机器人外部传感器不包括_____传感器。

　　A. 力或力矩　　　　　B. 接近觉　　　　　　C. 触觉　　　　　　　D. 位置

答案：D

8. 手爪的主要功能是抓住工件、握持工件和_____工件。

　　A. 固定　　　　　　　B. 定位　　　　　　　C. 释放　　　　　　　D. 触摸

答案：C

9. 机器人的精度主要依存于_____、控制算法误差与分辨率系统误差。

　　A. 动误差　　　　　　B. 关节间隙　　　　　C. 机械误差　　　　　D. 连杆机构的挠性

答案：C

10. 机器人的控制方式分为点位控制和_____。

　　A. 点对点控制　　　　B. 点到点控制　　　　C. 连续轨迹控制　　　D. 任意位置控制

答案：C

11. 焊接机器人的焊接作业主要包括_____。

　　A. 点焊和弧焊　　　　　　　　　　　　　　B. 间断焊和连续焊

C. 平焊和竖焊　　　　　　　　　　　　D. 气体保护焊和氩弧焊

答案：A

12. 作业路径通常用_____坐标系相对于工件坐标系的运动来描述。

　　A. 手爪　　　　　　　B. 固定　　　　　　　C. 运动　　　　　　　D. 工具

答案：D

13. 当代机器人主要源于以下两个分支：_____。

　　A. 计算机与数控机床　　　　　　　　　B. 遥操作机与计算机

　　C. 遥操作机与数控机床　　　　　　　　D. 计算机与人工智能

答案：C

14. 对于转动关节而言，关节变量是 *D-H* 参数中的_____。

　　A. 关节角　　　　　B. 杆件长度　　　　C. 横距　　　　　　D. 扭转角

答案：A

15. 动力学的研究内容是将机器人的_____联系起来。

　　A. 运动与控制　　　B. 传感器与控制　　C. 结构与运动　　　D. 传感系统与运动

答案：A

16. 所谓无姿态插补，即保持第一个示教点时的姿态，在大多数情况下是机器人沿_____运动时出现。

　　A. 平面圆弧　　　　B. 直线　　　　　　C. 平面曲线　　　　D. 空间曲线

答案：B

17. 谐波传动的缺点是_____。

　　A. 扭转刚度低　　　B. 传动侧隙小　　　C. 惯量低　　　　　D. 精度高

答案：A

18. 机器人三原则是由谁提出的_____。

　　A. 森政弘　　　　　　　　　　　　　　B. 约瑟夫·英格伯格

　　C. 托莫维奇　　　　　　　　　　　　　D. 阿西莫夫

答案：D

19. 当代机器人群体中最主要的机器人为：_____。

　　A. 工业机器人　　　B. 军用机器人　　　C. 服务机器人　　　D. 特种机器人

答案：A

20. 手部的位姿是由_____两部分变量构成的。

　　A. 位置与速度　　　B. 姿态与位置　　　C. 位置与运行状态　　D. 姿态与速度

答案：B

21. 用于检测物体接触面之间相对运动大小和方向的传感器是：_____。

　　A. 接近觉传感器　　　　　　　　　　　B. 接触觉传感器

　　C. 滑动觉传感器　　　　　　　　　　　D. 压觉传感器

答案：C

22. 示教-再现控制为一种在线编程方式，它的最大问题是：_____。

　　A. 操作人员劳动强度大　　　　　　　　B. 占用生产时间

　　C. 操作人员安全问题　　　　　　　　　D. 容易产生废品

答案：B

23. _____国家被称为"机器人王国"。

A. 中国　　　　　　B. 英国　　　　　　C. 日本　　　　　　D. 美国

答案：C

24. 对机器人进行示教时，作为示教人员_____。与示教作业人员一起进行作业的监护人员，处在机器人可动范围外时，可进行共同作业。

A. 不需要事先接受过专门的培训

B. 必须事先接受过专门的培训

C. 没有事先接受过专门的培训也可以

答案：B

25. 使用焊枪示教前，检查焊枪的均压装置是否良好，动作是否正常，同时对电极头的要求是_____。

A. 更换新的电极头　　　　　　　　　　B. 使用磨耗量大的电极头

C. 新的或旧的都行

答案：A

26. 通常对机器人进行示教编程时，要求最初程序点与最终程序点的位置_____，可提高工作效率。

A. 相同　　　　　　B. 不同　　　　　　C. 无所谓　　　　　D. 分离越大越好

答案：A

27. 为了确保安全，用示教编程器手动运行机器人时，机器人的最高速度限制为_____。

A. 50mm/s　　　B. 250mm/s　　　C. 800mm/s　　　D. 1600mm/s

答案：B

28. 正常联动生产时，机器人示教编程器上安全模式应该调到_____位置上。

A. 操作模式和编辑模式　　　　　　　　B. 运动模式

C. 管理模式　　　　　　　　　　　　　D. 示教模式

答案：C

29. 示教编程器上安全开关握紧为 ON，松开为 OFF 状态，作为进而追加的功能，当握紧力过大时，为_____状态。

A. 不变　　　　　　B. ON　　　　　　C. OFF　　　　　　D. 增大

答案：C

30. 对机器人进行示教时，模式旋钮调到示教模式后，在此模式中，外部设备发出的启动信号_____。

A. 无效　　　　　　B. 有效　　　　　　C. 延时后有效　　　D. 减小

答案：A

31. 位置等级是指机器人经过示教的位置时的接近程度，设定了合适的位置等级时，可使机器人运行的轨迹与周围状况和工件相适应，其中位置的_____。

A. PL 值越小，运行轨迹越精准　　　　　B. PL 值大小，与运行轨迹关系不大

C. PL 值越大，运行轨迹越精准　　　　　D. PL 值不变

答案：A

32. 试运行是指在不改变示教模式的前提下执行模拟再现动作的功能，机器人动作速度超过示教最高速度时，以_____。

A. 程序给定的速度运行　　　　　　　　B. 示教最高速度来限制运行

C. 示教最低速度来运行　　　　　　　　D. 以 PL 值运行

答案：B

33. 机器人经常使用的程序可以设置为主程序，每台机器人可以设置_____主程序。

　　A. 3 个　　　　　　B. 5 个　　　　　　C. 1 个　　　　　　D. 无限制

答案：C

34. 运动学主要是研究机器人的_____。

　　A. 动力源是什么　　　　　　　　　　B. 运动和时间的关系

　　C. 动力的传递与转换　　　　　　　　D. 运动的应用

答案：B

35. 动力学主要是研究机器人的_____。

　　A. 动力源是什么　　　　　　　　　　B. 运动和时间的关系

　　C. 动力的传递与转换　　　　　　　　D. 动力的应用

答案：C

36. 传感器的输出信号达到稳定时，输出信号变化与输入信号变化的比值，代表传感器的_____参数。

　　A. 抗干扰能力　　　B. 精度　　　　　C. 线性度　　　　　D. 灵敏度

答案：D

37. 六维力与力矩传感器主要用于_____。

　　A. 精密加工　　　　B. 精密测量　　　C. 精密计算　　　　D. 精密装配

答案：D

38. 机器人轨迹控制过程需要通过求解_____，获得各个关节角的位置控制系统的设定值。

　　A. 运动学正问题　　B. 运动学逆问题　　C. 动力学正问题　　D. 动力学逆问题

答案：B

39. 日本日立公司研制的经验学习机器人装配系统，采用触觉传感器来有效地反映装配情况。其触觉传感器属于_____传感器。

　　A. 接触觉　　　　　B. 接近觉　　　　C. 力/力矩觉　　　　D. 压觉

答案：C

40. 机器人的定义中，突出强调的是_____。

　　A. 具有人的形象　　B. 模仿人的功能　　C. 像人一样思维　　D. 感知能力很强

答案：C

41. 一个刚体在空间运动中具有_____自由度。

　　A. 3 个　　　　　　B. 4 个　　　　　　C. 5 个　　　　　　D. 6 个

答案：D

42. 对于移动（平动）关节而言，关节变量是 *D-H* 参数中的_____。

　　A. 关节角　　　　　B. 杆件长度　　　C. 横距　　　　　　D. 扭转角

答案：C

43. 运动正问题是实现_____。

　　A. 从关节空间到操作空间的变换

　　B. 从操作空间到笛卡尔空间的变换

C. 从笛卡尔空间到关节空间的变换

D. 从操作空间到关节空间的变换

答案：A

44. 运动逆问题是实现_____。

A. 从关节空间到操作空间的变换

B. 从操作空间到笛卡尔空间的变换

C. 从笛卡尔空间到关节空间的变换

D. 从操作空间到任务空间的变换

答案：C

45. 机器人终端效应器（手）的力量来自_____。

A. 机器人的全部关节

B. 机器人手部的关节

C. 决定机器人手部位置的各关节

D. 决定机器人手部位置和姿态的各个关节

答案：D

46. 在 θ-r 操作机动力学方程中，其主要作用的是_____。

A. 哥氏项和重力项

B. 重力项和向心项

C. 惯性项和哥氏项

D. 惯性项和重力项

答案：D

47. 对于有规律的轨迹，仅示教几个特征点，计算机就能利用_____获得中间点的坐标。

A. 优化算法

B. 平滑算法

C. 预测算法

D. 插补算法

答案：D

48. 所谓无姿态插补，即保持第一个示教点时的姿态，在大多数情况下是机器人沿_____运动时出现。

A. 平面圆弧

B. 直线

C. 平面曲线

D. 空间曲线

答案：B

49. 定时插补的时间间隔下限的主要决定因素是_____。

A. 完成一次正向运动学计算的时间

B. 完成一次逆向运动学计算的时间

C. 完成一次正向动力学计算的时间

D. 完成一次逆向动力学计算的时间

答案：B

50. 为了获得非常平稳的加工过程，希望作业启动（位置为零）时：_____。

A. 速度为零，加速度为零

B. 速度为零，加速度恒定

C. 速度恒定，加速度为零

D. 速度恒定，加速度恒定

答案：A

51. 应用通常的物理定律构成的传感器称之为_____。

A. 物性型

B. 结构型

C. 一次仪表

D. 二次仪表

答案：B

52. GPS 全球定位系统，只有同时接收到_____颗卫星发射的信号，才可以解算出接收器的位置_____。

A. 2

B. 3

C. 4

D. 6

答案：C

53. 用 2500 兆欧表测量变压器线圈之间和绕组对地的绝缘电阻，若其值为零，则线圈之间和绕组对地可能有_____现象。

  A. 击穿　 B. 运行中有异常声

  C. 变压器油温突然升高　 D. 变压器着火

  答案：A

54. 变压器耐压试验时，电压持续时间为_____分钟。

  A. 1　 B. 2　 C. 3　 D. 5

  答案：A

55. 三相异步电动机要检查定、转子绕组匝间绝缘的介电强度，应进行_____试验。

  A. 组间绝缘　 B. 耐压　 C. 短路　 D. 吸收比

  答案：A

56. 电力系统中的调相机实际上就是一台_____。

  A. 空载运行的异步电动机　 B. 空载运行的同步发电机

  C. 负载运行的异步电动机　 D. 负载运行的同步发电机

  答案：B

57. 在较多场合被用来抑制噪声的电路是_____。

  A. 线滤波器　 B. 插入电抗

  C. 噪音滤波变压器　 D. 有源滤波器

  答案：A

58. 引起电动机绕组绝缘复合劣化的原因是_____。

  A. 过载　 B. 频繁地启动、停止

  C. 冷却风扇故障　 D. 电压或电流急剧变化

  答案：D

59. 测量绝缘电阻时外界的_____、湿度及被试设备加压时间的长短都能影响测量数据。

  A. 电场　 B. 温度　 C. 湿度　 D. 磁场

  答案：B

60. 极化指数 P_I 为 R_{10min}/R_{1min}，当绝缘受潮或污染时，该指数接近于_____。

  A. 1　 B. 1.3　 C. 1.5　 D. <1

  答案：A

61. 通过测 $\tan\delta$ 可以灵敏地反映出绝缘的分布性缺陷，"标准 DL/T596-2018"中规定对_____不要做此项试验。

  A. 变压器　 B. 套管　 C. 互感器　 D. 避雷器

  答案：D

62. 修理后的直流电机进行各项试验的顺序应为_____。

  A. 空载试验→耐压试验→负载试验　 B. 空载试验→负载试验→耐压试验

  C. 耐压试验→空载试验→负载试验　 D. 负载试验→空载试验→耐压试验

  答案：C

63. 测试绝缘油的电气强度耐压试验时，所用的标准油杯中的电极间的间隙应置为_____ mm。

  A. 50　 B. 25　 C. 2.5　 D. 5

  答案：C

64. 做油中溶解气体的色谱分析，气体含量成分为总烃高、C_2H_2 高、构成总烃主要成分 H_2 高，则故障性质判断为_____。

    A. 局部放电   B. 电弧放电   C. 火花放电   D. 高温过热

    答案：B

65. 如果绕线式异步电动机的三相转子绕组中，任意两相与启动变阻器的接线对调，则电动机将_____。

    A. 正转   B. 不改变转动方向

    C. 反转   D. 无法运转

    答案：B

66. 直流电机的电枢绕组若为单波绕组，则绕组的并联支路数将等于_____。

    A. 主磁极数   B. 主磁极对数   C. 1 条   D. 2 条

    答案：D

67. 为了避免电动机在低于额定电压较多的电源电压下运行，其控制线路中必须有_____。

    A. 过压保护   B. 失压保护   C. 失磁保护   D. 漏电保护

    答案：B

68. 变压器绕组绝缘颜色较深、质地较硬，但用手压时，无裂纹和脱落，为_____的绝缘。

    A. 合格   B. 良好   C. 不可靠   D. 已经损坏

    答案：A

69. 变压器绕组绝缘富有弹性、色泽新鲜均衡，用手压时，无残留变形，为_____的绝缘。

    A. 合格   B. 良好   C. 不可靠   D. 已经损坏

    答案：B

70. 变压器绕组绝缘变脆、颜色深暗，用手压时，有轻微裂纹和变形，为_____的绝缘。

    A. 合格   B. 良好   C. 不可靠   D. 已经损坏

    答案：C

71. 下述故障现象中，不是直接引发套管对地击穿的是_____。

    A. 套管有隐蔽的裂纹或有碰伤   B. 套管表面污秽严重

    C. 变压器油面下降过多   D. 套管间有小动物

    答案：D

72. SF_6 断路器的 SF_6 气体中的产物 CF_4（四氟化碳）的量与开断能力的关系是_____。

    A. 没有关系   B. 气体越多，开断能力越弱

    C. 气体越少，开断能力越大   D. 气体越多，开断能力越大

    答案：D

73. SF_6 气体断路器经过解体大修后，原来的气体_____。

    A. 可持续使用

    B. 不能使用

    C. 进行净化处理后使用

    D. 毒性、生化试验合格，并进行净化处理后使用

    答案：C

74. SF_6 气体断路器灭弧室及与其相通的气室内 SF_6 气体的含水量，在交接时及大修后不应大于_____。

A. 1.5×10^{-6}（体积分数）　　　　　B. 150×10^{-6}（体积分数）

C. 3×10^{-6}（体积分数）　　　　　D. 300ppm

答案：B

75. 为改善电缆半导电层切断处绝缘表面的电位分布，所采用的应力控制层材料的体积电阻率_____。

A. 越高越好　　　　　　　　　　　B. 越低越好

C. 并非越高越好，而要用半导体材料　　　D. 没有特殊要求

答案：C

76. 交联电缆的屏蔽层应用带绝缘的胶合导线单独接地，铜屏蔽层接地线的截面积不应小于_____ mm^2（如铜丝屏蔽接地线截面积与铜丝屏蔽层截面积相等）。

A. 25　　　　　B. 50　　　　　C. 10　　　　　D. 6

答案：A

77. 热收缩型电缆附件所用绝缘管、应力控制管、分支手套等，是经过_____等工序形成的。

A. 交联-加热-扩张-冷却定型　　　　B. 交联-扩张-冷却定型-加热

C. 交联-加热-冷却定型-扩张　　　　D. 加热-扩张-冷却定型-交联

答案：A

78. 用兆欧表检测、欧姆表检测、直流耐压试验，分别可确定的故障性质依次是_____。

A. 断线、短路（接地）、闪络性故障　　　B. 断线、闪络性故障、短路（接地）

C. 闪络性故障、短路（接地）、断线　　　D. 短路（接地）、断线、闪络性故障

答案：D

79. 电缆短时允许过载电流是指电缆导线超过其最高允许长期工作温度时所传送的电流。一般 6～10kV 为_____%，连续 2h。

A. 15　　　　　B. 10　　　　　C. 5　　　　　D. 30

答案：A

80. UPS 系统在输入交流电的情况下停电后，可在一定时间内_____。

A. 通过蓄电池不间断输出交流　　　　B. 通过直流逆变不间断输出交流

C. 通过整流不间断输出交流　　　　　D. 通过交流逆变不间断输出交流

答案：B

81. UPS 系统在_____故障后，可以自动切旁路，用市电维持输出供电。

A. 整流单元　　　B. 逆变单元　　　C. 交流输入断电　　　D. 蓄电池系统

答案：B

82. 阀型避雷器的灭弧电压是指在保证灭弧（切断工频续流）条件下，允许加在避雷器上的_____。

A. 冲击波电压值　　　　　　　　　B. 最高工频电压值

C. 额定电压值　　　　　　　　　　D. 放电电压值

答案：B

83. 阀型避雷器内并联电容用于控制_____。

A. 额定电压　　　B. 工频放电电压　　　C. 雷电电压　　　D. 冲击放电电压

答案：D

84. 根据"标准 DL/T 596—2018"要求,下列不属于阀型避雷器要做的试验项目有_____。

A. 绝缘电阻测试

B. 测电导电流和串联组合元件的非线性因数差值

C. 运行电压下的交流泄漏电流

D. 工频放电电压

答案:C

85. 根据"标准 DL/T 596—2018"要求,下列不属于金属氧化物避雷器要做的试验项目是_____。

A. 绝缘电阻测试

B. 工频放电电压

C. 测直流 1mA 时的临界动作电压 U_{1mA} 及 $0.75U_{1mA}$ 下的泄漏电流

D. 运行电压下的交流泄漏电流

答案:B

86. 小电流接地系统单相接地时的接地电容电流,它的大小等于正常时一相对地充电(电容)电流的_____倍。

A. 3   B. $\sqrt{3}$ C. 1/3   D. $1/\sqrt{3}$

答案:A

87. 3~6kV 的电网接地电流大于 30A,中性点_____。

A. 经消弧线圈   B. 直接接地

C. 不接地   D. 可接地也可不接地

答案:A

88. 中性点不接地系统单相接地自动选线装置,其原理是采取_____。

A. 比较电容电流方向法   B. 零序电流直接跳闸

C. 注入信号法   D. 无功分量法

答案:A

89. 若 PLC 输出端接交流电感性负载,则应在_____。

A. 负载回路中串联续流二极管   B. 负载回路中串联浪涌吸收器

C. 负载的两端并联续流二极管   D. 负载的两端并联浪涌吸收器

答案:D

90. 刀具的夹紧,通常由碟形弹簧实现,刀具的松开由_____来实现。

A. 电磁离合器   B. 液压系统   C. 机械装置   D. 检测装置

答案:B

91. 刀具的夹紧,通常由碟形弹簧实现,刀具的松开由_____来实现。

A. 电磁离合器   B. 液压系统   C. 机械装置   D. 检测装置

答案:B

92. 机电一体化系统基本上由机械系统、_____五个子系统组成。

A. 电子信息处理系统、控制系统、动力系统、执行元件系统

B. 电子信息处理系统、控制系统、动力系统、传感检测系统

C. 电子信息处理系统、动力系统、传感检测系统、执行元件系统

D. 电子信息处理系统、控制系统、伺服传动系统、执行元件系统

答案：C

93. 变压器差动保护各侧 CT 保护特性不一致，会导致＿＿＿＿＿＿＿。

A. 区外故障误动 　　　　　　　　　B. 拒动

C. 变压器充电时躲不过励磁涌流　　D. 正常运行时差动启动

答案：A

94. 变压器差动瓦斯保护动作后，应按＿＿＿＿＿＿＿处理。

A. 可以立即恢复送电

B. 瓦斯放气后恢复送电

C. 应查明瓦斯动作原因后，再确定能否送电

D. 必须吊芯大修后才能送电

答案：C

95. 对于在用的＿＿＿＿＿＿＿系列变压器，应有计划地进行改造。

A. S8 　　　　　B. S7 　　　　　C. S9 　　　　　D. S10

答案：B

96. 在选用电动机容量时，应考虑＿＿＿＿＿＿＿。

A. 与负荷相匹配，以免轻载运行　　B. 尽量选择大容量

C. 不考虑异常工况　　　　　　　　D. 选用高转速电机

答案：A

97. 用微机保护实现上下级的配合时限差，可以比传统保护缩小，是因为＿＿＿＿＿＿＿。

A. 动作电流整定精确度高　　　　　B. 动作时间离散性小

C. 动作时间快　　　　　　　　　　D. CPU 反应时间快

答案：B

98. 电网相间短路三段式电流保护的主保护是＿＿＿＿＿＿＿。

A. 电流Ⅰ段 　　B. 电流Ⅱ段 　　C. 电流Ⅲ段 　　D. 电流Ⅰ、Ⅱ段

答案：D

99. 线路瞬时速断保护应按躲过＿＿＿＿＿＿＿来整定。

A. 系统最小方式时，路末端两相短路时流经保护的短路电流

B. 线路首端短路时流经保护的最大短路电流

C. 线路末端短路时流经保护的最大短路电流

D. 线路最大负荷电流

答案：C

100. 变压器短路电压标幺值和＿＿＿＿＿＿＿相等。

A. 空载损耗　　　　　　　　　　　B. 短路损耗

C. 短路阻抗标幺值　　　　　　　　D. 短路电流标幺值

答案：C

101. 中间、时间以及信号继电器属于＿＿＿＿＿＿＿。

A. 测量继电器 　　B. 辅助继电器 　　C. 控制继电器 　　D. 非电量继电器

答案：B

102. 下列故障中，不属于瓦斯保护范围的是＿＿＿＿＿＿＿。

A. 变压器内部的多相短路　　　　　　　　B. 铁芯故障

C. 油面下降或漏油　　　　　　　　　　　D. 变压器引出线故障

答案：D

103. 绝缘监视装置的作用是判别小电流接地系统的_____故障。

A. 两相接地短路　　　B. 单相接地　　　C. 三相短路　　　D. 两相接地

答案：B

104. 母线不完全差动保护一般由_____保护装置构成。

A. 差动过电流　　　B. 两段式电流　　　C. 差动电流速断　　　D. 三段式电流

答案：B

105. 为防止 TV 断线误切电动机，电动机微机保护设置了 TV 断线_____保护。

A. 闭锁电压　　　B. 复合闭锁　　　C. 闭锁电流　　　D. 无闭锁

答案：A

106. 电动机微机保护中用电动机_____构成堵转保护。

A. 转换开关和相电流　　　　　　　　　　B. 相电流和相电压

C. 转换开关和线电压　　　　　　　　　　D. 转换开关和相电压

答案：A

107. 通信接口四线的总线子集的型号为_____。

A. RS-242　　　B. RS-232　　　C. RS-485　　　D. RS-422

答案：D

108. 与传统的光线录波器相比，微机型故障录波器的启动方式增加了_____启动方式。

A. 电流电压变化量　　　B. 复合电压　　　C. 低电压　　　D. 过电流

答案：A

109. 低周减载装置在_____时，按频率下降情况自动减去足够数量的较次要负荷，以保证系统安全运行和向重要负荷的不间断供电。

A. 当系统出现有功功率缺额、周波　　　　B. 发电机跳闸

C. 供电线路严重过负荷　　　　　　　　　D. 脱网

答案：A

110. 局域网（LAN）的数据传输速率较高，通常为 1～20Mbit/s 中，但其传输距离较近，一般为_____km。

A. 0.1～1　　　B. 0.1～10　　　C. 0.1～100　　　D. 0.1～1000

答案：B

111. 对线路经济运行，降低电路损耗和电压损失具有重要意义的措施是_____。

A. 增大导线截面　　　　　　　　　　　　B. 减少导线截面

C. 提高电网电压　　　　　　　　　　　　D. 提高电路的功率因数

答案：D

112. 变压器效率为最大值的条件是_____。

A. 铜耗大于铁耗　　　　　　　　　　　　B. 铁耗大于铜耗

C. 铜耗等于铁耗　　　　　　　　　　　　D. 变压器工作在额定电压下

答案：C

113. 以下关于继电保护器屏面布置原则的说法，错误的是_____。

A. 调整、检查工作较多的继电器布置在中部，其余则布置在屏的上部

B. 相同安装单元的屏面布置宜对应一致

C. 各屏上信号继电器宜集中布置，安装中心线离地面不宜低于 600mm

D. 试验部件与连接片的安装中心线离地面宜不低于 800mm

答案：D

114. 6～10kV 线路均为就地控制，当断路器事故跳闸时，通常启动_____来启动冲击继电器发出事故音响。

A. 灯光信号小母线   B. 预报信号小母线

C. 闪光信号小母线   D. 事故音响信号小母线

答案：D

115. 当线路故障出现时，保护装置动作将故障切除，然后重合闸，若是稳定性故障，则立即加速保护装置动作，将断路器断开的是_____。

A. 二次重合闸保护   B. 一次重合闸保护

C. 重合闸前加速保护   D. 重合闸后加速保护

答案：D

116. 微机保护装置中，采用"模式校验法"常用于检测的对象是_____。

A. RAM   B. CPU   C. 出口通道   D. 数据采集系统

答案：A

117. 在变电站综合自动化系统中，前置机或通信控制机与控制中心的通信信息中，属于遥测信息的是_____。

A. 断路器位置信号   B. 母线电压

C. 距离保护闭锁复归信号   D. 有载变压器分接头位置调节

答案：B

118. 电力系统中，缩写 SCADA 的内容是_____。

A. 电网调度自动化系统

B. 配电管理系统

C. 灵活交流输电系统

D. 电网调度自动化系统中的监视控制与数据采集系统

答案：D

119. 自动往返控制行程控制线路，需要对电动机实现自动转换的_____控制才能达到要求。

A. 自锁   B. 电动   C. 联锁   D. 正反转

答案：D

120. _____是将信号（如比特流）或数据进行编制，转换为可用以通信、传输和存储的信号形式的设备。

A. 编码器   B. 电流表   C. 电压表   D. 电能表

答案：A

121. 增量式编码器的作用是将位移转换成_____的电信号。

A. 周期性   B. 非周期性   C. 随机性   D. 非随机性

答案：A

122. 已知：电机转速为 **1500r/min**，编码器为 **2000p/r**，则编码器的输出频率为_____。

    A. 125kHz   B. 25kHz   C. 50kHz   D. 100kHz

    答案：C

二、多选题

1. 电缆终端头的制作方法有_____。

    A. 热缩法   B. 预制法   C. 钳压法   D. 冷缩法

    答案：A，B，D

2. 电缆中间接头制作的基本要求是_____。

    A. 连接牢靠，接头电阻小，机械强度高   B. 防止接头的电化腐蚀

    C. 绝缘性能好   D. 外形美观

    答案：A，B，C

3. 导线截面积的选择原则是_____。

    A. 发热条件   B. 经济电流密度

    C. 机械强度   D. 允许电压损耗

    答案：A，B，C，D

4. 选择照明线路截面积时应按_____计算和校验。

    A. 根据允许的电压损失要求来选择导线截面积

    B. 计算负荷电流不大于导线连续允许电流

    C. 导线截面应不小于保护设备的额定电流所允许的截面积

    D. 导线的机械强度

    答案：A，B，C，D

5. 敷设电缆线路的基本要求是_____。

    A. 满足供配电及控制的需要   B. 运行安全

    C. 线路走向经济合理   D. 使电缆长度最短，转向为直角

    答案：A，B，C

6. 电缆运行中绝缘最薄弱、故障率最高的部位是_____。

    A. 电缆沟内   B. 终端接头   C. 拐弯处   D. 中间接头

    答案：B，D

7. 判断电缆头发热的方法通常有_____。

    A. 示温蜡片监视   B. 用测温仪监视

    C. 用手摸   D. 色漆变化现象

    答案：A，B，D

8. 电缆线路发生故障的主要原因有_____。

    A. 电缆受外力引起机械损伤   B. 绝缘老化

    C. 因腐蚀使保护层损坏   D. 因雷击、过载或其他过电压使电缆击穿

    答案：A，B，C，D

9. 冷缩材料使用时应_____。

    A. 核对材料电压等级与实际需要相符   B. 按工艺产品说明进行操作

    C. 使用部位必须进行清洁处   D. 使用时没有特殊要求

答案：A，B，C

10. 在下列_____情况下对安装的电缆需要采取阻燃措施。

    A. 电缆隧道内的电缆   B. 进入开关柜间隔的电缆

    C. 电缆比较集中的场所   D. 直埋的电缆

    答案：A，B，C

11. 电流互感器伏安特性试验的作用是_____。

    A. 检查容量是否等于额定容量   B. 检查互感器有无层间短路

    C. 为继电保护提供数据   D. 检查极性是否正确

    答案：B，C

12. 变压器极性测试方法主要有_____。

    A. 直流法   B. 交流法   C. 变比电桥法   D. 频率表法

    答案：A，B，C

13. 交流电动机的试验内容主要包括_____。

    A. 绝缘电阻的测定   B. 绕组直流电阻的测定

    C. 接地电阻测定   D. 耐压试验

    答案：A，B，D

14. 在变电站中，可用来调节电网的无功功率的设备是_____。

    A. 绕线式电动机   B. 鼠笼式电动机   C. 同步电动机   D. 并联电容器

    答案：C，D

15. 同步电机的特点是_____。

    A. 机械特性为绝对硬特性，故转速恒定   B. 没有启动转矩

    C. 调节励磁电流可改变其运行特性   D. 没有启动电流

    答案：A，B，C

16. 六氟化硫断路器的 SF_6 气压监测是通过_____来完成的。

    A. 真空压力表   B. 密度继电器   C. SF_6 压力表   D. 通过泄漏量测量

    答案：A，B

17. 汽轮发电机的主要结构有定子、转子、_____等组成。

    A. 轴承和轴承座   B. 冷却系统   C. 测温元件   D. 励磁系统

    答案：A，B，D

18. 同步发电机的定子测温元件测量的是_____的温度。

    A. 定子绕组   B. 转子绕组   C. 铁芯   D. 轴承

    答案：A，C

19. 发电机在运行工况下，调节发电机转子电流，可以改变_____。

    A. 发电机的转速   B. 输出的有功功率

    C. 输出的无功功率   D. 发电机的端电压

    答案：C，D

20. 发电机转子回路的电气故障有_____。

    A. 一点接地   B. 相间短路   C. 匝间短路   D. 两点接地

    答案：A，C，D

21. 发电机做泄漏电流试验时，在测量某一相泄漏电流时，电压升到某值后，电流表指针剧

烈摆动，常见在_____有故障。

    A. 该相绕组端部   B. 槽口靠接地处绝缘

    C. 铁芯内的该相绕组   D. 出线套管有裂纹

    答案：A，B，D

22. "标准 DL/T 596—2018"对发电机定子泄漏试验和直流耐压试验周期是_____。

    A. 1年或小修时   B. 大修前、后   C. 大修后   D. 更换绕组后

    答案：A，B，D

23. 二次额定电流分别为 1445A 和 1084A 的两台变压器并联运行，当前一台的输出电流为 1000A 时，后一台的输出电流为 900A，这两台变压器_____。

    A. 变比相差过大   B. 短路电压相差过大

    C. 连接组别不同   D. 冷却方式不同

    答案：A，B

24. 有载调压分接开关，在变换分接过程中可采用_____过渡，以限止其过渡时的循环电流。

    A. 电抗   B. 电容   C. 电阻   D. 电阻加电容

    答案：A，C

25. 交联电缆不宜用直流高电压进行耐压试验的原因是_____。

    A. 直流耐压会有电子注入交联电缆聚合物介质内部

    B. 在半导电层凸出处或微小空隙等处产生空间电荷积累

    C. 有利于发现电缆故障

    D. 电缆投运叠加交流电压后易发生绝缘击穿

    答案：A，B，D

26. 为了正确地找到故障点，根据其原理常用的方法有_____等。

    A. 电桥法   B. 脉冲示波器法   C. 对地电位法   D. 声测法

    答案：A，B，D

27. 阀型避雷器内的火化间隙的作用是_____，它可以串联而成，从而得到较高的初始电压以防电弧重燃。

    A. 绝缘   B. 导电   C. 放电   D. 灭弧

    答案：A，C，D

28. 消弧线圈的作用是_____。

    A. 减小接地电容电流   B. 防止电弧重燃

    C. 中性点经消弧线圈接地   D. 接地电容电流减小为零

    答案：A，B，C

29. 经消弧线圈接地系统单相接地自动选线装置，通常采取的原理有_____。

    A. 5 次谐波分量法   B. 有功分量法   C. 注入信号法   D. 无功分量法

    答案：A，B，C

30. 直流耐压试验中微安表可接于_____。

    A. 试验变压器高压侧出线端   B. 试验变压器高压侧接地端

    C. 被试品接地端   D. 试验变压器低压侧接地端

    答案：A，B，C

31. 做交流耐压试验应注意_____。

    A. 接线是否正确，调压器是否零位

    B. 试验电压应从零逐渐加起

    C. 交流耐压试验完后再做非破坏性试验

    D. 试验结束后应将电压突然降至零

    答案：A，B

32. 检测直流电机电枢绕组接地故障时，将直流低压电源接到相隔近一个极距的两个换向片上，测量换向片和轴的压降，若某处的压降_____，则与该换向片连接的电枢线圈有接地故障。

    A. 为全电压   B. 为 1/2 全电压   C. 为零   D. 甚微

    答案：C，D

33. 测量_____参数可以判断变压器绕组存在阻间短路。

    A. 直流电阻   B. 测量变比   C. 介质损耗   D. 泄漏电流

    答案：A，B

34. 变压器的预防性试验项目包括测量_____。

    A. 变压器绕组的绝缘电阻和吸收比   B. 变压器绕组的直流电阻

    C. 绕组连同套管的泄漏电流和介质损失   D. 绝缘油电气强度试验和性能试验

    答案：A，B，C，D

35. 下列为变压器油的预防性试验项目的有_____。

    A. 绝缘强度   B. 酸值   C. 闪点   D. 水分

    答案：A，B，C，D

36. 三相变压器采用某种接法时，其原、副边绕组对应线电压向量平行且指向相同，该变压器采用的是_____连接组别。

    A. Y，yn0   B. D，D0   C. Y，d11   D. Y，yn8

    答案：A，B

37. 低压电力电缆由_____部分构成。

    A. 缆芯   B. 绝缘层   C. 屏蔽层   D. 保护外皮

    答案：A，B，D

38. 电缆可分为_____。

    A. 控制电缆   B. 电力电缆   C. 通信电缆   D. 导线

    答案：A，B，C

39. 自动开关的保护装置脱扣器种类有_____。

    A. 速断脱扣器   B. 欠压脱扣器   C. 分励脱扣器   D. 过流脱扣器

    答案：A，B，C，D

40. 保护电力线路的熔断器的熔体应满足的条件是_____。

    A. 熔体额定的电流应小于线路的计算电流

    B. 熔体额定的电流大于线路的额定电流

    C. 熔断器保护还要与线路的保护配合

    D. 熔体的断流容量大于线路短路电流

    答案：B，C，D

41. 在 TN 系统中，应在_____重复接地。

A. 变压器中性点处　　　　　　　　　B. 架空线路终端

C. 架空线路沿线每公里处　　　　　　D. 线路引入车间或大型建筑物处

答案：B，C，D

42. 接地电阻主要包括接地装置的_____。

A. 导体电阻　　　　　　　　　　　　B. 接地与土壤之间的接触电阻

C. 散流电阻　　　　　　　　　　　　D. 土壤电阻

答案：A，B，C

43. 测量接地电阻方法有_____。

A. 接地摇表法　　　　　　　　　　　B. 交流电流-电压表法

C. 电桥法　　　　　　　　　　　　　D. 三点法

答案：A，B，C，D

44. 在中性点不接地系统中，当系统中有一相发生金属性接地后_____。

A. 其他两相对地电压升高到$\sqrt{3}$倍　　B. 三相线电压不变

C. 三相相电压不变　　　　　　　　　D. 接地相对地电压为零

答案：A，B，D

45. 当中性点不接地系统中有一相发生金属性接地后，采取逐条拉路法选线时，若在拉开某一线路开关时出现_____现象，可确定此线路中有接地点。

A. 三相相电压恢复正常　　　　　　　B. 三相线电压正常

C. 一相对地电压为零，另两相升高到$\sqrt{3}$倍　D. 接地光字消失

答案：A，D

46. 电抗器在电路中用于_____。

A. 限流　　　　　　B. 稳流　　　　　　C. 无功补偿　　　　　　D. 移相

答案：A，B，D

47. 引起断路器分闸失灵的电气回路故障原因是_____。

A. 直流电压过低，电源容量不足　　　B. 分闸线圈断线，或低电压不合格

C. 合闸缓冲偏移，滚轮及缓冲杆卡劲　D. 分闸回路内元件接触不良或断线

答案：A，B，D

48. 电力电缆常见的故障是_____。

A. 对地绝缘击穿　　B. 接地、短路　　C. 断线　　　　D. 电缆崩裂

答案：A，B，C

49. 高压电缆发生故障的原因有_____。

A. 绝缘受潮、绝缘老化变质

B. 运行中过电压、过负荷或短路故障引起的电缆过热

C. 外力机械损伤、护层的腐蚀

D. 中间接头和终端头制作的材料缺陷，设计和制作工艺问题

答案：A，B，C，D

50. 安装、检修滚动轴承的两个关键问题是_____。

A. 正确的清洗方法　　B. 外观检查　　　C. 轴承选择　　　　D. 正确的安装方法

答案：A，D

51. 下列电源中，属于电力系统中的无功电源的有_____。

    A. 电感器   B. 调相机   C. 电容器   D. 同步发电机

    答案：B，C，D

52. 工厂供电中，常用节电措施有_____。

    A. 功率因数补偿   B. 加强节电管理

    C. 采用环形供电   D. 使用节电的用电器

    答案：A，B，D

53. 继电保护按保护对象分类有_____。

    A. 发电机、变压器   B. 母线、线路

    C. 压缩机   D. 电动机、电容器等保护

    答案：A，B，D

54. 微机保护与传统继电保护相比具有_____优点。

    A. 有实现继电保护功能的硬件电路

    B. 有保护功能的软件程序

    C. 有管理功能的软件程序

    D. 动作速度快

    答案：B，C，D

55. 与传统保护相比，微机保护具有的优点是_____。

    A. 可靠性高、灵活性大   B. 不需要定期维护调试

    C. 保护性能得到很大改善   D. 易于获得附加功能、经济性好

    答案：A，C，D

56. 综合自动化系统由_____组成。

    A. 数据识别单元   B. 微机保护测控   C. 变电站主机   D. 中央计算机

    答案：A，B，C，D

57. 变压器发生严重故障时，瓦斯继电器的动作情况是_____。

    A. 内部压力增大，油被迅速地推向油枕

    B. 下开口杯被油流冲击而转动，使接点闭合而发信号

    C. 下开口杯被油流冲击而转动，接点闭合而使断路器跳闸

    D. 上开口杯因为油重而下沉，使干簧接点闭合而发信号

    答案：A，C，D

58. 按 **BZT** 装置低电压继电器的整定原则，下列不应断开工作电源的是_____。

    A. 网络内发生远端短路，工作母线上的电压因之降低，但当继电保护把短路切除后，工作母线的电源可以恢复时

    B. 当工作母线电压因电动机自启动而降低时

    C. 母线真正完全失压

    D. 工作母线 W 发生一相熔体熔断时

    答案：A，B，D

59. 绝缘监视装置一般应用于_____。

    A. 中性点经消弧线圈接地系统   B. 中性点直接接地系统

    C. 中性点不接地系统   D. 中性点经电阻接地系统

答案：A，C，D

60. 关于母线不完全差动保护原理的说法中，不正确的是＿＿＿＿＿＿＿＿。

A. 母线不完全差动保护需要在与母线相连的所有回路上，装设具有相同变比的电流互感器

B. 母线不完全差动保护一般由两段式电流保护构成，即差动电流速断和差动过电流保护装置

C. 母线不完全差动保护的第Ⅰ段保护主要任务是保护母线，保护动作不要求有选择性

D. 母线不完全差动保护的第Ⅰ段保护动作电流，应躲开电流回路未接入母差保护装置中的引出线电抗器后的最小短路电流

答案：A，D

61. 微机保护的监控程序包括＿＿＿＿＿＿＿＿。

A. 人机接口处理程序　　　　　　　　　B. 自检程序

C. 插件调试程序　　　　　　　　　　　D. 整定设置显示等配置的程序

答案：A，C，D

62. 微机保护的优点是＿＿＿＿＿＿＿＿。

A. 算法丰富

B. 计算能力、编程能力强大

C. 能完成常规保护无法进行功能或较难解决的问题

D. 保护范围扩大

答案：A，B，C

63. 按干扰源分类有＿＿＿＿＿＿＿＿。

A. 差模干扰　　　　B. 外部干扰　　　　C. 内部干扰　　　　D. 共模干扰

答案：B，C

64. 差模干扰的来源主要是＿＿＿＿＿＿＿＿。

A. 各信号线对干扰源的相对位置不对称　　　B. 长线传输的互感、分布电容的相互干扰

C. 对地干扰　　　　　　　　　　　　　　　D. 工频干扰

答案：A，B，D

65. 切断干扰耦合途径的方法是＿＿＿＿＿＿＿＿。

A. 屏蔽与隔离、滤波退耦旁路　　　　　　B. 提高对供电电源要求

C. 合理分配布置插件　　　　　　　　　　D. 正确的接地处理

答案：A，B，C，D

66. 微机保护的干扰将造成微机保护装置的＿＿＿＿＿＿＿＿。

A. 造成保护动作时间就长　　　　　　　　B. 计算或逻辑错误

C. 程序出轨　　　　　　　　　　　　　　D. 元件的损坏

答案：B，C，D

67. 自动重合闸时间必须满足＿＿＿＿＿＿＿＿所需的时间。

A. 短路电流非周期分量衰减　　　　　　　B. 故障点去游离

C. 断路器准备好再次动作　　　　　　　　D. 保护动作

答案：B，C

68. 下列＿＿＿＿＿＿＿＿情况母线联络开关 **BZT** 不应该动作。

A. 备用电源无压 B. PT 断线

C. 进线开关因负载侧故障跳闸 D. 进线开关因低电压跳闸

答案：A，B，C

69. 通信规约是为了保证变电所与控制中心之间能正确传输信息，必须有一套关于 _____ 的约定，这种约定称为传输规约，又叫"远动规约"。

A. 信息的数量 B. 信息传输的顺序

C. 信息内容 D. 信息格式（报文格式）

答案：B，C，D

70. 电力系统数据远传通信的种类有 _____。

A. 电力线载波 B. 音频电缆 C. 微波 D. 光纤

答案：A，B，C，D

71. 光线录波器中的记录误差与振动子的 _____ 有关。

A. 非线性误差 B. 幅频特性

C. 滞后和阻尼因数 D. 偏转速度

答案：A，B，C

72. 系统解列装置主要有 _____。

A. 低周、低压解列 B. 过负荷解列 C. 振荡解列 D. 过电压解列

答案：A，B，C，D

73. 自动准同期装置中，恒定越前时间的整定与 _____ 有关。

A. 发电机与系统频率差 B. 合闸出口回路动作时间

C. 并列断路器合闸时间 D. 发电机与系统电压差

答案：B，C

74. 综合自动化系统具有保护、控制、诊断和监视，以及正常或故障时各种 _____ 和现代系统控制功能。

A. 波形记录 B. 相位和频率的测量

C. 历史数据记录、计算（数据处理） D. 通信信息共享

答案：A，B，C，D

75. 综合自动化供电系统数据处理与记录包括 _____。

A. 变电所运行参数的统计

B. 分析与计算

C. 变电所内各种事件信息的顺序记忆并登录存档

D. 变电所内运行参数和设备越限报警及记录

答案：A，B，C，D

76. 综合自动化系统由 _____ 组成。

A. 数据识别层（DAU 层） B. 微机保护与测控层（PC 层）

C. 变电站主机层（SC 层） D. 中央计算机层（CC 层）

答案：A，B，C，D

77. 直流操作中央复归重复动作的中央事故信号装置，通常具有 _____ 功能。

A. 事故信号连续出现时能够重复动作

B. 能够手动或自动解除音响

  C. 能够进行事故音响试验

  D. 能够监视事故直流电源故障

  答案：A，B，C，D

78. 下列关于重合闸后加速保护的说法，正确的是_____。

  A. 重合闸后加速保护通常用于 35kV 的电网中和对重要负荷供电的送电线路上

  B. 永久性故障能在第二次瞬时切除，并仍有选择性

  C. 重合闸后加速保护的重合闸成功率比"前加速"高

  D. 在几段串联线路上可采用一套 ZCH 装置，简单经济

  答案：A，B

79. 中性点不接地系统发生单相接地时，其线电压_____。

  A. 相位不变   B. 幅值不变   C. 幅值增大   D. 相位变化

  答案：A，B

80. 要求双回路供电的负荷是_____。

  A. 一级负荷   B. 二级负荷   C. 三级负荷   D. 其他负荷

  答案：A，B

81. 工厂供电系统决定电能损耗的主要因素是_____。

  A. 变压器损耗   B. 线路损耗   C. 电动机损耗   D. 电力电容器损耗

  答案：A，C

82. _____属于非对称短路。

  A. 单相短路   B. 两相短路   C. 两相接地短路   D. 三相短路

  答案：A，B，C

83. 三相短路电流用于_____。

  A. 选择电气设备   B. 导体短路稳定度校验

  C. 相间保护灵敏度校验   D. 相间保护可靠性系数校验

  答案：A，B，D

84. 制定标幺值参数表示的等效电路时，变压器两侧的_____不同。

  A. 基准功率   B. 基准电压   C. 基准电流   D. 基准阻抗

  答案：B，C

85. 电弧造成的危害有_____。

  A. 延长短路电流通过时间   B. 产生过电压

  C. 烧损设备   D. 引起弧光短路

  答案：A，C，D

86. 产生电弧的游离方式有_____。

  A. 热电发射   B. 高电场发射   C. 碰撞游离   D. 热游离

  答案：A，B，C，D

87. 以下说法正确的有_____。

  A. 越靠近电源的线路过电流保护动作时间越长

  B. 越靠近电源的线路过电流保护动作时间越短

  C. 越靠近电源的线路故障时短路电流越大

  D. 过流保护动作时间超过 0.7s 时应装设电流速断保护

　　答案：A，C，D

88. 变压器差动保护可以保护_____故障。
　　A. 内部相间故障　　　　　　　　　　B. 引出线相间故障
　　C. 匝间故障　　　　　　　　　　　　D. 严重过负荷
　　答案：A，B，C

89. 变压器油枕的作用是_____。
　　A. 提高散热效果　　　　　　　　　　B. 调节油量
　　C. 安装瓦斯继电器　　　　　　　　　D. 减少油与空气的接触面
　　答案：B，D

90. 电压互感器使用时要注意_____。
　　A. 工作时二次侧不得短路　　　　　　B. 二次侧必须有一端接地
　　C. 连接时注意极性　　　　　　　　　D. 负载阻抗要小
　　答案：A，B，C

91. 断路器的信号回路是用来指示一次电路设备工作的位置状态，一般分为_____。
　　A. 保护动作信号　　　　　　　　　　B. 断路器位置信号
　　C. 事故信号　　　　　　　　　　　　D. 预告信号
　　答案：B，C，D

92. 交流绝缘监视装置可以判明_____发生了单相接地故障。
　　A. 某一相　　　　　B. 某个回路　　　　　C. 某条母线　　　　　D. 某根电缆
　　答案：A，C

93. 自动重合闸时间必须满足_____所需的时间。
　　A. 短路电流非周期分量衰减　　　　　B. 故障点去游离
　　C. 断路器准备好再次动作　　　　　　D. 保护动作
　　答案：B，C

94. 按调制方法的不同，斩波器有_____三种工作情况。
　　A. 通断控制　　　　　B. 脉冲调宽　　　　　C. 调频　　　　　D. 混合调制
　　答案：B，C，D

95. 斩波电路的主要用途有_____。
　　A. 可控直流开关稳压电源　　　　　　B. 作为焊接电源
　　C. 直流电机的调速控制　　　　　　　D. UPS直流电源
　　答案：A，B，C

三、判断题

1. 机械手亦可称之为机器人。
　　答案：正确

2. 完成某一特定作业时具有多余自由度的机器人称为冗余自由度机器人。
　　答案：正确

3. 关节空间是由全部关节参数构成的。
　　答案：正确

4. 任何复杂的运动都可以分解为由多个平移和绕轴转动的简单运动的合成。

答案： 正确

5. 关节 i 的坐标系放在 $i-1$ 关节的末端。

答案： 错误

6. 手臂解有解的必要条件是串联关节链中的自由度数等于或小于 6。

答案： 错误

7. 对于具有外力作用的非保守机械系统，其拉格朗日动力函数 L 可定义为系统总动能与系统总势能之和。

答案： 错误

8. 由电阻应变片组成电桥可以构成测量重量的传感器。

答案： 正确

9. 激光测距仪可以进行散装物料重量的检测。

答案： 正确

10. 运动控制的电子齿轮模式是一种主动轴与从动轴保持一种灵活传动比的随动系统。

答案： 正确

11. 示教编程用于示教-再现型机器人中。

答案： 正确

12. 机器人轨迹泛指工业机器人在运动过程中的运动轨迹，即运动点的位移、速度和加速度。

答案： 正确

13. 关节型机器人主要由立柱、前臂和后臂组成。

答案： 错误

14. 到目前为止，机器人已发展到第四代。

答案： 错误

15. 磁力吸盘能够吸住所有金属材料制成的工件。

答案： 错误

16. 谐波减速机的名称来源是因为刚轮齿圈上任一点的径向位移呈近似于余弦波形的变化。

答案： 错误

17. 轨迹插补运算是伴随着轨迹控制过程一步步完成的，而不是在得到示教点之后一次完成，再提交给再现过程的。

答案： 正确

18. 格林（格雷）码被大量用在相对光轴编码器中。

答案： 错误

19. 图像二值化处理是将图像中感兴趣的部分置 1，背景部分置 2。

答案： 错误

20. 图像增强是调整图像的色度、亮度、饱和度、对比度和分辨率，使得图像效果清晰和颜色分明。

答案： 正确

21. 测量继电器能直接反应电气量的变化，按所反应量的不同，又可分为电流、电压、功率方向、阻抗、频率继电器等。

答案： 正确

22. 数据采集系统与 CPU 的数据传递方式有程序查询、中断、直接内存存取三种方式。

　　答案：正确

23. 以微处理器为核心组成的电力系统继电保护称为电力系统微机保护。

　　答案：正确

24. CRT 屏幕操作闭锁功能，只要输入正确的操作口令就有权进行操作控制。

　　答案：错误

25. 晶体管型继电器电压形成回路是由电压变换器、电流变换器、电感变压器组成的。

　　答案：正确

26. 电力系统故障的类型，具体到元件来说，有发电机事故、汽轮机事故、锅炉事故、变压器事故、断路器事故、线路事故等。

　　答案：正确

27. 测量继电器能直接反应电气量的变化，按所反应量的不同，又可分为电流、电压、功率方向、阻抗、频率继电器等。

　　答案：正确

28. 瓦斯保护装置的特点是动作迅速、灵敏度高，能反应变压器油箱内部的各种类型故障，也能反应外部的一些故障。

　　答案：错误

29. 采用母联分段断路器 BZT 接线方式的供电系统，母联 BZT 装置可以动作两次。

　　答案：错误

30. 采用备用变压器自动投入装置 BZT 接线方式的供电系统，备用变压器一般不受电，只有在工作变压器有故障时才投入运行。

　　答案：正确

31. 有绝缘监视装置的电压互感器在高压熔丝断一相时，二次开口三角形两端会产生零序电压。

　　答案：正确

32. 微机保护软件就是一组程序。

　　答案：错误

33. 微机保护的优点之一是计算能力，能完成常规保护无法进行的功能或较难解决的问题。

　　答案：正确

34. 由于电动机在较大的启动电流下，因零序不平衡电流会引起保护误动作，所以电动机微机保护采用了最大相电流作为制动量。

　　答案：正确

35. 根据故障录波器所录的波形数据，可以明确地分析、判断电力系统中线路和设备故障发生的地点、发展过程和故障类型。

　　答案：正确

36. 低周减载装置设置特殊轮是为了在特殊运行方式时，保证有足够数量的较次要负荷可以切除。

　　答案：错误

37. 特殊轮是为了在低周减载切除部分负荷后系统已经稳定，但频率仍然偏低时再切除少 M 负荷，使频率恢复正常。

　　答案：正确

38. 为防止暂态误动作，低周解列装置应带有 0.3~1s 的时限。

　　答案：正确

39. 厂用快切装置最本质的任务是确保在事故情况下，第一时间切除故障工作电源及接入备用电源。

　　答案：正确

40. 发电机准同期并列是指将未加励磁的发电机升速到接近系统频率，合上开关，再加励磁，在升压过程中由系统将发电机接入同步运行。

　　答案：错误

41. 综合自动化系统的各单元模块具有自诊断功能，使得系统的可靠性大大提高。

　　答案：正确

42. 中央预告信号是在启动回路中串接信号灯，其重复动作是通过启动回路并入信号灯，产生脉冲电流启动冲击继电器实现的。

　　答案：正确

43. 周期检测指利用保护功能执行的两个相邻采样间隔内的富裕时间来循环地执行一个自检程序，实现在 CPU 处理量较大情况下的检测，如 RAM、EPROM 等检测。

　　答案：正确

44. 局域网（LAN）是计算机网络中最普遍的一种，很适合应用在电力系统变电站计算机网络中。LAN 网传输介质可以是双绞线、电缆和光纤。

　　答案：正确

45. 不允许用布擦兆欧表表面玻璃，因为摩擦产生静电荷会影响测量结果。

　　答案：正确

46. 吸收比是指用兆欧表在历时 15s 内所测得的绝缘电阻和历时 60s 内所测得的绝缘电阻值的比值，即吸收比 R_{15}/R_{60}。

　　答案：错误

47. 极化指数是指用兆欧表在历时 10min 所测得绝缘电阻和历时 1min 所测得绝缘电阻值的比值，即极化指数：$R_{10\,min}/R_{1\,min}$。

　　答案：正确

48. 在一定频率的交流电场中，当一定电压施加给某一绝缘介质时，其损耗与 $\tan\delta$ 成正比。

　　答案：正确

49. 所谓"再生"就是用化学和物理的方法清除油中的溶解和不溶解的杂质，重新恢复或接近油的原有性能指标。

　　答案：正确

50. SF_6 气体断路器含水量超标，可将 SF_6 气体放尽，重新充入新气体即可。

　　答案：正确

51. 额定功率相同的三相异步电动机，转速低的转矩小，转速高的转矩大。

　　答案：错误

52. 发电机的直流励磁机方式是向发电机转子提供直流电流，交流励磁机方式是向发电机转子提供交流电流。

　　答案：错误

53. 有载调压是变压器在带负荷运行中，可用手动或电动变换一次分接头，以改变一次线圈匝数，进行分级调压。

答案： 正确

54. SF$_6$ 气体断路器内部无 SF$_6$ 气体后或真空状态，不允许操作断路器。

答案： 正确

55. SF$_6$ 断路器的 SF$_6$ 气体中，生产物 CF$_4$（四氟化碳）气体越多，开断能力越大。

答案： 正确

56. 电缆终端头和中间头从开始剥切到制作完成必须连续进行，一次完成，以免受潮。

答案： 正确

57. 氧化锌避雷器对大气过电压和操作过电压都起保护作用。

答案： 正确

58. 不接地的放射状电网中，线路发生一相接地，则非故障线路始端流过线路本身的电容电流，方向为母线流向线路。

答案： 正确

59. 在小电流接地系统中，电压互感器高压熔断器一相熔断，控制室出现的信号和系统发生接地是一样的，区别在于非故障相电压不升高。

答案： 正确

60. 使用热缩材料制作电缆头时，加热收缩的部位，一般应由下往上进行（终端头）或由中间向两边进行（中间接头）。

答案： 正确

61. 电缆终端头两端的钢带铠装层应接地，分相屏蔽型电缆应按等电位线连接，并与接地线联通。

答案： 正确

62. 制作中间接头锯缆芯时，应先在缆芯根部扎好临时"分架木"，将缆芯分开并弯好角度。注意不要损伤根部绝缘。

答案： 正确

63. 选择变压器密封圈时，密封圈与变压器油的相溶性必须良好。

答案： 正确

64. 绝缘材料的电阻随温度的升高而升高，金属导体的电阻随温度的升高而降低。

答案： 错误

65. 变压器的极性有加极性和减极性两种。

答案： 正确

66. 不同介质随温度的上升，其 tanδ 值有不同程度的减少。

答案： 错误

67. 不同介质随温度的上升，其 tanδ 值有不同程度的增长。

答案： 正确

68. 测量变压器线圈的直流电阻时，应注意掌握电池电压、充电时间、充电电流、测试方法，以使测量值更准确。

答案： 正确

69. 对于一台已制造好的变压器，其同名端是客观存在的，不可任意标定，而其连接组标号却是人为标定的。

　　　答案: 正确

70. 当并励直流电动机与直流电网接通后，无论磁路中是否有剩磁存在，都能正常启动并运转。

　　　答案: 正确

71. 电压为 1kV 以上的电机，在接近运行温度时，定子绝缘的绝缘电阻不低于每千伏 1MΩ，转子绕组不低于 0.5MΩ，电机各相绝缘电阻的不平衡系数一般不大于 2。

　　　答案: 正确

72. 正确、合理地选择电动机，主要是保证电能转换为机械能的合理化，节约电能，且技术经济指标合理，满足生产机械的需要。

　　　答案: 正确

73. 测绘 T68 镗床电气布置图时，要画出 2 台电动机在机床中的具体位置。

　　　答案: 错误

74. 分析 T68 镗床电气线路的控制电路原理图时，重点是分析快速移动电动机 M2 的控制。

　　　答案: 错误

75. 测绘 T68 镗床电气控制主电路图时，要画出电源开关 QS、熔断器 FU1 和 FU2 接触器 KM1～KM7、按钮 SB1～SB5 等。

　　　答案: 错误

76. 测绘 T68 镗床电气线路的控制电路图时，要正确画出控制变压器 TC、按钮 SB1～SB5、行程开关 SQ1～SQ8、电动机 M1 和 M2 等。

　　　答案: 错误

77. 分析 X62W 铣床电气线路控制电路工作原理，重点是分析进电动机 M2 的正反转，以及冷却泵电动机 M3 的启停控制过程。

　　　答案: 错误

78. 测绘 X62W 铣床电气控制主要电路图，要正确画出电源开关 QS、熔断器 FU1 接触器 KM1～KM6、热继电器 FR1～FR3 等。

　　　答案: 正确

79. 20t/5t 桥式起重机的主电路中包含了电源开关 QS、交流接触器 KM1～KM4、凸轮控制器 SA4，电动机 M1～M5、限位开关 SQ1～SQ4 等。

　　　答案: 错误

80. 20t/5t 桥式起重机电气线路的控制电路中，包含了熔断器 FU1 和 FU2、主令控制器 SA4、紧急开关 QS4、启动按钮 SB、接触器 KM1～KM9、电动机 M1～M5 等。

　　　答案: 错误

81. 20t/5t 桥式起重机的小车电动机都是由接触器实现正反转控制的。

　　　答案: 错误

82. 20t/5t 桥式起重机的主钩电动机都是由凸轮控制器实现正反控制的。

　　　答案: 错误

83. 20t/5t 桥式起重机的保护电路由紧急开关 QS4、过电流继电器 KC1～KC5、欠电压继电器 KV、电阻器 1R～5R、热继电器等组成。

　　　答案: 错误

84. 20t/5t 桥式起重机合上电源总开关 QS1 并按下启动按钮 SB 后，主接触器 KM 不吸合的唯一原因是各凸轮控制器的手柄不在零位。

答案： 错误

85. X62W 铣床的主电路由电源总开关 QS、熔断器 FU2、接触器 KM1～KM6、热断电器 FR1～FR3、电动机 M1～M3、按钮 SB1～SB6 等组成。

答案： 错误

86. X62W 铣床电气线路的控制电路由控制变压器 TC、熔断器 FU1、按钮 SB1～SB6、位置 开关 SQ1～SQ7、速度断电器 KS、电动机 M1～M3 等组成。

答案： 错误

87. X62W 铣床的主轴电动机 M1 采用了减压启动方法。

答案： 错误

88. X62W 铣床的进给电动机 M2 采用了反接制动的停车方法。

答案： 错误

89. X62W 铣床进给电动机 M2 的冲动控制，是出位置开关 SQ7 接通反转接触器一下实 现的。

答案： 错误

90. X62W 铣床进给电动机 M2 的前后（横向）和升降十字操作手柄有上、下、中三个位置。

答案： 错误

91. 增量型旋转编码器有分辨率的差异，使用每圈产生的脉冲数来计量，脉冲数越多，分辨 率越高。

答案： 正确

92. 增量编码器既可以测量位置，又可以测量速度。

答案： 错误

93. 脉冲编码器是一种光学式的位置检测元件，编码盘直接装在旋转轴上，以测出轴的旋转 角度位置和速度变化，其输出信号为电脉冲。

答案： 正确

94. 闭环控制系统的定位误差主要取决于机械传动副的间隙及制造误差。

答案： 错误

第四模块 自动控制电路装调与维修

一、单选题

1. 现代控制理论以_____为基础，主要研究多变量、变参数、非线性、高精度及高效能等各种复杂的控制系统。

    A. 传递函数   B. 状态空间法   C. 微电脑   D. 逻辑代数

    答案：B

2. 自动控制系统中开环放大倍数_____。

    A. 越大越好

    B. 越小越好

    C. 在保证系统动态特性的前提下越大越好

    D. 在保证系统动态特性的前提下越小越好

    答案：C

3. 一般闭环自动控制系统由输入环节、比较环节、放大环节、执行环节、被控对象_____和间接被控对象组成。

    A. 稳定环节   B. 调整环节   C. 反馈环节   D. 执行环节

    答案：C

4. 在变频调速时，若保持 V/f＝常数，可实现_____，并能保持过载能力不变。

    A. 恒功率调速   B. 恒电流调速   C. 恒效率调速   D. 恒转矩调速

    答案：D

5. 单相交-交变频电路的工作原理与_____相似。

    A. 直流电动机可逆调速系统用的四象限可逆变流系统

    B. 谐振式脉宽调制逆变电路

    C. 单相桥式 PWM 逆变电路

    D. 单相桥式整流电路

    答案：A

6. 对于交-交变频电路的正反两组变流电路，哪组工作，由_____决定。

    A. 输出电流的方向

    B. 输出电压的极性

    C. 输出电压方向和输出电流方向是否相同

    D. 输出电压方向和输出电流方向是否相异

    答案：A

7. 三相交-交变频电路输出电压中的谐波_____。

    A. 和单相交-交变频电路输出电压中的谐波不一致

    B. 和单相交-交变频电路输出电压中的谐波一致

C. 大于单相交-交变频电路输出电压中的谐波

D. 小于单相交-交变频电路输出电压中的谐波

答案：B

8. 变频调速所用的 **VVVF** 型变频器，具有_____功能。

A. 调压　　　　　　B. 调频　　　　　　C. 调压、调频　　　　D. 调功率

答案：C

9. 下列控制方式中，_____是异步电动的一种理想控制方式。

A. E/f 控制　　　B. V/f 控制　　　C. 转差频率控制　　　D. 矢量控制

答案：D

10. 电压型 **PAM** 晶体管方式逆变电路和电压型 **PAM GTO** 晶闸管方式逆变电路的区别是_____。

A. 测量电路　　　　B. 滤波电路　　　　C. 驱动信号　　　　D. 显示电路

答案：C

11. 下列变频器中，_____变频器常用于高频变频器。

A. 电压型晶闸管　　　　　　　　　　B. PWM 型 GTO 晶闸管

C. 斩波方式 PAM 晶体管　　　　　　D. 电流型晶闸管

答案：C

12. PAM 晶体管变频器的输出频率可高达_____ **kHz**。

A. 0.5　　　　　　B. 1　　　　　　　C. 2　　　　　　　D. 3

答案：D

13. 当存储器数据写入异常时，_____将起作用。

A. 电子热保护　　　　　　　　　　B. 控制电路异常保护

C. 瞬时过电流保护　　　　　　　　D. 欠电压保护

答案：B

14. 变频器无传感器简易速度控制器的作用是_____。

A. 提高通用变频器的速度控制精度　　B. 保证运行的连续性

C. 防止电动机长时间过电流　　　　　D. 减少机械振动

答案：A

15. 变频器中，为减少机械振动，降低冲击功能，应包含_____内容。

A. 对 V/f 和转矩补偿值进行调节　　B. 对电动机参数设定值进行调节

C. 选择停止方式和设定跳越频率　　　D. 对载频频率进行分段调节

答案：D

16. 在变频器回路中设置绝缘变压器的作用是_____。

A. 隔离　　　　　　B. 阻抗匹配　　　　C. 抑制电流的变化　　D. 减小漏电电流

答案：D

17. 变频器制动电阻的大小以使制动电路不超过额定电流的_____%为宜。

A. 20　　　　　　B. 30　　　　　　　C. 40　　　　　　　D. 50

答案：D

18. 变频器控制电路的绝缘电阻大于_____ **MΩ** 为正常。

A. 0.5　　　　　　B. 1　　　　　　　C. 2　　　　　　　D. 5

答案：B

19. 下列故障现象中，_____会引起低电压保护动作。

    A. 供电电路连接不良　　　　　　　　　　B. 散热片堵塞

    C. 减速时间太短　　　　　　　　　　　　D. 制动电阻器的阻值太大

    答案：A

20. 选择变频器的基本原则是_____。

    A. 负载的额定电流不超过变频器额定电流

    B. 负载的额定电压不高于变频器额定输出电压

    C. 负载的额定容量不超过变频器额定容量

    D. 负载的额定功率不超过变频器的可用电动机的功率

    答案：A

21. 变频器产生传导性或放射性的电磁干扰的原因是_____。

    A. 高次谐波电流

    B. 高次谐波电压

    C. 逆变器高速开关动作时电压或电流急剧变化

    D. 系统发生共振

    答案：C

22. 变频器采用转差频率控制方式时，需检测电动机的实际_____。

    A. 电压　　　　　　　B. 电流　　　　　　　C. 功率　　　　　　　D. 转速

    答案：D

23. 将测量变送器转换成连续变化的电压、电流信号，变换为 CPU 能处理的数字信号的 PLC 单元是_____。

    A. 模拟量输入单元　　　　　　　　　　　B. 开关量 I/O 单元

    C. 模拟量输出单元　　　　　　　　　　　D. PID 控制单元

    答案：A

24. 将 CPU 处理后的数字信号转换成相应的模拟量信号输出，以满足生产过程控制需要的 PLC 单元是_____。

    A. 模拟量输入单元　　　　　　　　　　　B. 开关量 I/O 单元

    C. 模拟量输出单元　　　　　　　　　　　D. PID 控制单元

    答案：C

25. PLC 用户程序存储容量估算方法是：存储容量等于开关量 I/O 点总数×10，加上模拟量通道数×100，再按实际需要留_____%的余量。

    A. 1~5　　　　　　　B. 20~30　　　　　　C. 50　　　　　　　　D. 100

    答案：B

26. 在 G 指令中，T 代码用于_____。

    A. 主轴控制　　　　　B. 换 73　　　　　　　C. 辅助功能　　　　　D. 子程序调用

    答案：B

27. F1 系列 PC 的 OUT 指令是驱动线圈指令，但它不能驱动_____。

    A. 输入继电器　　　　B. 输出继电器　　　　C. 辅助继电器　　　　D. 内部继电器

    答案：A

28. 若 **TO** 为 100ms 定时器，则当时间设定常数 $K=100$ 时，其时间设定值为_____ **s**。

    A. 1   B. 10   C. 100   D. 1000

    答案：B

29. 在正常工作条件下，风力发电机组的设计要达到的最大连续输出叫_____。

    A. 平均功率   B. 最大功率   C. 最小功率   D. 额定功率

    答案：D

30. 风力发电机达到额定功率输出时规定的风速叫_____。

    A. 平均风速   B. 额定风速   C. 最大风速   D. 启动风速

    答案：B

31. 当风力发电机飞车或因火灾无法控制时，应首先_____。

    A. 回报上级   B. 组织抢险   C. 撤离现场   D. 回报场长

    答案：C

32. 风力发电机电源线上，并联电容器组的目的是_____。

    A. 减小无功功率   B. 减小有功功率   C. 提高功率因数   D. 增大有功功率

    答案：C

二、多选题

1. 变频器出现低电压故障时，应进行的检查及处理内容有_____。

    A. 检查或调整电源电压

    B. 修理或更换接触器或断路器

    C. 在同一电源系统中，是否有大启动电源负载

    D. 改正接线，检查电源电容

    答案：A，B，C，D

2. 变频器由_____组成。

    A. 主电路   B. 断路器   C. 控制电路   D. 反馈电路

    答案：A，C

3. 变频器主电路由_____组成。

    A. 整流电路   B. 直流中间电路   C. 逆变电路   D. 控制电路

    答案：A，B，C

4. 交-交变频电路采用有环流控制方式的优点是_____。

    A. 避免出现电流断续现象，可消除电流死区，改善变频电路的输出特性

    B. 可以提高变频器的性能

    C. 可以提高输出上限频率

    D. 在控制上比无环流方式复杂

    答案：A，B，C

5. 改善三相交-交变频电路的输入功率因素的方法有_____。

    A. 采取公共交流母线进线方式   B. 采取输出星形连接方式

    C. 直流偏置   D. 采取梯形连接方式

    答案：B，C，D

6. 采用 **PWM** 控制方式变频器的优点是_____。

A. 减少高次谐波引起的不良影响   B. 转矩波动小

C. 控制电路简单   D. 成本高

答案：A，B，C

7. 采用_____的变频器属于闭环控制。

A. 转差率控制方式   B. 转差型矢量控制方式

C. V/f 控制方式   D. 无速度传感器矢量控制方式

答案：A，B，D

8. 下列为恒转矩负载的是_____。

A. 泵   B. 传送带   C. 卷扬机   D. 吊车

答案：B，C

9. 变频器在驱动冲击负载时，为避免因过流而跳闸，应采取的措施有_____。

A. 增加变频器容量   B. 增加变频器输出电压

C. 加装大飞轮   D. 减小变频器容量

答案：A，C

10. 复合模块是将_____封装在一起的器件。

A. 整流电路   B. 保护电路   C. 制动电路   D. 逆变电路

答案：A，C，D

11. 下列设备中，通常采用电流型晶闸管变频器的是_____。

A. 轧钢机械   B. 真空泵   C. 起重机   D. 鼓风机

答案：A，C

12. 通用变频器中，主控制电路主要完成的任务是_____。

A. 输入信号的处理

B. 加减速速率调节

C. 运算处理

D. 在 PWM 控制的变频器中完成 PWM 波形的演算

答案：A，B，C，D

13. 变频器 PAM 工作方式一般用于_____的场合。

A. 低速   B. 低噪声   C. 负载转矩波动大   D. 高频调速

答案：B，D

14. 在变频控制电路中，选择线路用断路器的依据是_____。

A. 断路器的额定电压大于变频器的额定电压

B. 断路器的额定电流大于变频器的额定电流

C. 断路器断路能力大于短路时的短路电流

D. 断路器的动作特性

答案：B，C，D

15. 变频器中设置过载继电器的结果是_____。

A. 实现过载保护

B. 防止变频器因高次谐波引起电机的温升变大，甚至会出现烧毁电机的可能

C. 电动机连续工作在低速区域时，以电动机额定电流为基准面选定的保护，并不能为电机提供保护

D. 在低速范围冷却风扇的效果变差

答案：B，C，D

16. 变频器中采用输入电抗器的主要目的是_____。

A. 实现变频器和电源的匹配　　　　　　　B. 改善功率因素

C. 减少高次谐波的不良影响　　　　　　　D. 降低电动机的运行噪声

答案：A，B，C

17. 变频器在_____情况下，应选用输出电抗器。

A. 由过电流造成保护电路误动作

B. 变频器进入限流动作，以至于得不到足够大的转矩

C. 转矩效率降低

D. 电动机过热

答案：A，B，C，D

18. 变频器输出侧连接时，应注意的问题是_____。

A. 连接输出接线前切断电源

B. 变频器输出端子（U、V、W）接好时，正转命令可使电机逆时针旋转（从驱动侧观察）。当转动反向时，转换 U、V、W 中的二相

C. 不要将电源接到 U、V、W

D. 允许接电容器

答案：A，B，C

19. 变频器故障指示功能包含的内容有_____。

A. 显示出现的故障内容　　　　　　　　　B. 显示故障发生时的操作条件

C. 显示过去故障的内容　　　　　　　　　D. 显示正常工作参数

答案：A，B，C

20. 长期存放的变频器需要定期充电的原因是防止电解电容会发生劣化而发生_____现象。

A. 电流升高　　　　B. 耐压降低　　　　C. 漏电增加　　　　D. 电压下降

答案：B，C

21. 变频器日常检查时，应注意_____。

A. 键盘面板显示正常　　　　　　　　　　B. 无异常的噪声、振动和气味

C. 滤波电容的静电容量　　　　　　　　　D. 无过热或变色等异常情况

答案：A，B，D

22. 变频器在风机控制中通过_____达到节能目的。

A. 控制输入或输出端的风门　　　　　　　B. 控制旋转速度

C. 调节风量　　　　　　　　　　　　　　D. 调节压力

答案：A，B

23. 通常采用_____，来减少外部噪声对变频器的影响。

A. 带有内部线圈的设备的旁边接浪涌接收器

B. 主回路和控制回路（信号回路）分开布线，控制线采用屏蔽线和双绞线

C. 输入端插入电抗器

D. 隔离变压器

答案：A，B，C

24. PLC 的安装场所应远离强干扰源，在有_____的地方应充分考虑屏蔽措施。

    A. 腐蚀性气体　　　　　B. 静电干扰　　　　　C. 电场强度很强　　　　D. 放射性

    答案：B，C，D

25. PLC 的安装场所应避免_____。

    A. 高温　　　　　　　　B. 结露　　　　　　　　C. 通风　　　　　　　　D. 灰尘

    答案：A，B，D

26. 布置 PLC 的接地线时，应注意_____。

    A. 正确区分接地种类和方式

    B. 采用专用接地或共用接地的接地方式

    C. 交流地和信号地不能使用同一根地线

    D. 模拟信号地、数字信号地、屏蔽地，应按 PLC《操作手册》的要求，连接接地线必须使用 2mm^2 以上的导线

    答案：A，B，C，D

27. 可采用_____等设备，以提高 PLC 供电系统的可靠性和抗干扰能力。

    A. 隔离变压器　　　　　B. 交流稳压器　　　　　C. UPS　　　　　　　　D. 柴油发电机

    答案：A，B，C

28. PLC 系统电源的配接线应_____。

    A. 使用压接端子　　　　　　　　　　　　B. 多股线直接接在端子上

    C. 不用 UPS　　　　　　　　　　　　　　D. 使用单线

    答案：A，D

29. 下列_____是 PLC 的特殊扩展设备。

    A. 模拟量 I/O 单元　　B. 开关量 I/O 单元　　C. PID 控制单元　　　　D. 位置控制单元

    答案：A，C，D

30. 下列说法中，正确的有_____。

    A. 继电器输出模块的负载回路，只可选用直流电源

    B. 晶闸管输出模块的负载回路，可选用直流电源，也可选用交流电源

    C. 继电器输出模块一般适用于开关速度不高且又需要大电流输出的场合

    D. 晶体管输出模块适用要求快速开断或动作频繁时的场合

    答案：C，D

31. PLC 网络包括_____。

    A. PLC 控制网络　　　　B. 管理网络　　　　　C. 编程网络　　　　　D. PLC 通信网络

    答案：A，D

32. PLC 的硬件系统主要有_____、通信接口、编程器和电源等部分。

    A. CPU　　　　　　　　B. 存储器　　　　　　C. I/O 单元　　　　　　D. 打印机

    答案：A，B，C

33. PLC 用户程序执行的过程分为_____三个阶段。

    A. 循环扫描　　　　　　B. 输入采样　　　　　C. 程序处理　　　　　D. 输出刷新

    答案：B，C，D

34. 下面哪些行为属于不当操作：_____。

    A. 将风力发电机组作其他用途

B. 风力发电机组脱离电网运转

C. 随意修改控制软件

D. 未经风电生产厂商许可，对风力发电机组进行结构上的修改

答案：A，B，C，D

三、判断题

1. PLC 的外部电源不关闭即可进行 PLC 的安装和配线作业。

答案：错误

2. 对于 PLC 中传递模拟量的信号线，可以不使用屏蔽线。

答案：正确

3. 若将 AC 电源接在直流输入输出端子或直流电源端子上，不会对 PLC 造成不良影响。

答案：错误

4. 一般要求 PLC 输入的升关、按钮为常开状态，它的常闭触点可通过软元件在程序中反映，从而使程序清晰明了。

答案：正确

5. 在 PLC 输出负载的接线中，共用一个公共点的输出端可以驱动不同电压等级的负载。

答案：错误

6. 某状态的 STL 触点闭合，则与其相连的电路动作；如果该 STL 触点断开，则与其相连的电路停止动作。

答案：正确

7. 在选择 PLC 时，要根据输入信号的类型选择与之相匹配的输入模块。

答案：正确

8. 变频器就是一个可以任意改变频率的交流电源。

答案：正确

9. 改变逆变电路中六个晶闸管的导通和关断顺序，就能改变异步电动机的转向。

答案：正确

10. 变频器分为交-交变频和交-直-交变频两种形式。

答案：正确

11. 转差变频控制变频器采用的是开环控制方式。

答案：错误

12. 在采用转差率控制的变频器中，只要控制电动机的转差频率就能起到保护电动机的作用。

答案：正确

13. 恒转矩特性负载消耗的能量与转速无关。

答案：错误

14. 在电流型变频器中，直流中间电路通过大容量电解电容对输出电流进行平滑处理。

答案：错误

15. 在电流型变频器中，必须根据电动机减速的需要专门设置制动电路。

答案：错误

16. 制动电阻 R 的大小决定了变频器的制动能力。

答案：正确

17. 变频器电路中，当在输入端误加过高电压时.过电压保护立即动作。

    答案： 错误

18. 变频器最大适配电机一般以 2 极普通异步电动机为对象。

    答案： 错误

19. 变频器对异步电动机进行启动、停止是通过电磁接触器进行的。

    答案： 错误

20. 当变频器和 PLC 配合使用时，必须根据变频器的输入阻抗选择 PLC 的输出模块。

    答案： 正确

21. 在检查变频器控制电路连线时，可以使用万用表的蜂鸣功能。

    答案： 错误

22. 变频器的地线除了可防触电外，还可以防止过电压，所以务必要接地。

    答案： 错误

23. 风能的功率与空气密度成正比。

    答案： 正确

24. 风力发电机的接地电阻应每年测试一次。

    答案： 正确

25. 风力发电机产生的功率是随时间变化的。

    答案： 正确

26. 风力发电机叶轮在切入风速前开始旋转。

    答案： 正确

27. 风力发电是清洁和可再生能源。

    答案： 正确

28. 风力发电机组要保持长周期稳定运行，做好维护工作是至关重要的。

    答案： 正确

29. 风力发电机的风轮不必有防雷措施。

    答案： 错误

30. 风电引入电网不会对用户的供电品质产生巨大影响。

    答案： 正确

31. 检修人员上塔时要做好个人安全防护工作。

    答案： 正确

32. 风力发电机组若在运行中发现有异常声音，可不做检查继续运行。

    答案： 错误

33. 当风力发电机组因振动报警停机后，未查明原因前不能投入运行。

    答案： 正确

34. 风轮参数确定后它所吸收能量的多少，主要取决于空气速度的变化情况。

    答案： 正确

35. 风力发电机组的平均功率和额定功率一样。

    答案： 错误

36. SF_6 电气设备安装完毕，在投运前应复查 SF_6 气室内的温度和空气含量以及设备的检漏。

    答案： 错误

第五模块 应用电子电路装调与维修

一、单选题

1. 交-交变换电路中的换相方式属于_____。

A. 器件换相   B. 电网换相   C. 负载换相   D. 电容换相

答案：B

2. 逆变器根据对无功能量的处理方法不同，分为_____。

A. 电压型和电阻型   B. 电流型和功率型

C. 电压型和电流型   D. 电压型和功率型

答案：C

3. 电流型逆变电路输出的电压波形由_____决定。

A. 可控元件   B. 负载性质

C. 电流的大小   D. 直流侧电压的高低

答案：B

4. 在晶闸管斩波器中，保持晶闸管触发频率不变，改变晶闸管导通的时间，从而改变直流平均电压值的控制方式叫_____。

A. 定频调宽法   B. 定宽调频法   C. 定频定宽法   D. 调频调宽法

答案：A

5. 一个无源二端网络，其外加电压为 $u = 100\sqrt{2}\sin(10000t + 60°)\text{V}$ ，通过的电流为 $i = 2\sqrt{2}\sin(10000t + 120°)\text{A}$ ，则该二端网络的等效阻抗、功率因数是_____。

A. 50Ω，0.5 B. 50Ω，-0.5 C. 50Ω，0.866 D. 50Ω，-0.866

答案：B

6. 两个具有互感的线圈，当随时间增大的电流从一个线圈的任一端流入时，另一线圈相应的同名端的电位将会_____。

A. 升高   B. 不变   C. 降低   D. 为零

答案：A

7. 要使三相异步电动机的旋转磁场方向改变，只需要改变_____。

A. 电源电压   B. 电源相序   C. 电源电流   D. 负载大小

答案：B

8. 在周期性非正弦交流电路中，电路的总平均功率等于_____。

A. 各次谐波的平均功率之和   B. 各次谐波的功率之和

C. 各次谐波的瞬时功率之和   D. 总电流乘以总电压

答案：A

9. 具有铁磁物质的磁路中，若磁通为正弦波，则线圈中的励磁电流为_____。

A. 正弦波   B. 方波   C. 尖顶波   D. 锯齿波

答案：C

10. 具有铁磁物质的磁路中，若线圈中的励磁电流为正弦波，则磁路中的磁通为_____。

A. 正弦波   B. 锯齿波   C. 尖顶波   D. 平顶波

答案：D

11. 三相异步电动机定子绕组若为单层绕组，则一般采用_____。

A. 整距绕组   B. 短距绕组   C. 长距绕组   D. 接近极距绕组

答案：A

12. 交流电磁铁中短路环的作用是_____。

A. 对电磁铁进行短路保护   B. 消除衔铁强烈振动和噪声

C. 缓冲衔铁吸合时的撞击   D. 增大衔铁的吸力

答案：B

13. 将交流电磁机构的线圈接到相同额定电压的直流电源上，以下描述正确的是_____。

A. 线圈因过电流而烧坏   B. 可以正常工作

C. 线圈中的电流很小以致不能正常启动   D. 线圈中的磁通变得很小

答案：A

14. 复杂电路处在过渡过程时，基尔霍夫定律_____。

A. 不成立   B. 只有电流定律成立

C. 只有电压定律成立   D. 仍然成立

答案：D

15. 图所示电路中，三极管各极电流关系为_____。

A. $I_B + I_E = I_C$ B. $I_B + I_C = I_E$ C. $I_E + I_C = I_B$ D. $I_B + I_E + I_C = 0$

答案：B

16. 测得一有源二端网络的开路电压 $U_0 = 6\text{V}$，短路电流 $I_s = 2\text{A}$，设外接负载电阻 $R_L = 9\Omega$，则 R_L 中的电流为_____ A。

A. 2   B. 0.67   C. 0.5   D. 0.25

答案：C

17. 复电流 $I = (8 - j6)\text{A}$ 的瞬时解析式为_____。

A. $i = 10\sin(\omega t + 36.9°)$ B. $i = 10\sin(\omega t - 36.9°)$

C. $i = 10\sqrt{2}\sin(\omega t - 36.9°)$ D. $i = 10\sqrt{2}\sin(\omega t - 53.1°)$

答案：C

18. 已知 $u = -311\sin(314t - 10°)\text{V}$，其相量表示为_____ V。

A. $311\angle170°$ B. $311\angle-190°$ C. $220\angle10°$ D. $220\angle170°$

答案：D

19. 三相对称电源星形连接，已知 $U_B = 220\angle15°\text{V}$，则 $U_{AB} = $_____ V。

A. $220\angle45°$ B. $380\angle165°$ C. $22\angle-75°$ D. $380\angle45°$

答案：B

20. 复功率定义为一段电流相量的共轭复数与电压相量的乘积，它的模是视在功率 S，辐角是功率因数角，实部为_____。

    A. 有功功率   B. 无功功率   C. 瞬时功率   D. 平均功率

答案：A

21. 如图 ○—[$R \atop 4\Omega$]—[X_C ‖ 3Ω]—○ 所示电路的复阻抗为_____ **Ω**。

    A. $4+j3$ B. $3-j4$ C. $4-j3$ D. $3+j4$

答案：C

22. 对于正弦交流电路，以下关于功率描述正确的是_____。

    A. $S=P+Q$ B. $S=\sqrt{P^2+Q^2}$ C. $S=P^2+Q^2$ D. $S=P-Q$

答案：B

23. 在交流电路中，负载的功率因数决定于电路_____。

    A. 负载两端所加的电压   B. 负载本身的参数

    C. 负载的接线方式（Y/△）   D. 负载功率的大小

答案：B

24. 当接触器触头过度磨损，将会使_____不合格。

    A. 初压力   B. 终压力   C. 超行程   D. 开距

答案：C

25. 磁路的磁阻与磁路的长度_____。

    A. 成正比   B. 成反比   C. 无关   D. 平方成正比

答案：A

26. 磁路的基尔霍夫磁路定律中，穿过闭合面的磁通的代数和必须为_____。

    A. 正数   B. 负数   C. 零   D. 无穷大

答案：C

27. 当中性点直接接地的电网中发生接地故障时，故障点的零序电压_____。

    A. 最高   B. 最低   C. 不确定   D. 为零

答案：A

28. 三相五柱式电压互感器，其一次绕组接成星形并将中性点接地，接成开口三角形的二次绕组两端，在系统接地时得到的输出电压是_____。

    A. 非故障相对地电压   B. 零序电压   C. 正序电压   D. 负序电压

答案：B

29. 在直流电路中，基尔霍夫第二定律的正确表达式是_____。

    A. $\sum=0$ B. $\sum U=0$ C. $\sum IR=0$ D. $\sum E=0$

答案：B

30. 任一瞬间，电路中流向节点的电流之和_____流出节点的电流之和。

    A. 大于   B. 小于   C. 约等于   D. 等于

答案：D

31. 三条或三条以上支路的连接点，称为_____。

    A. 接点   B. 结点   C. 节点   D. 拐点

答案：C

32. 当阳极电流减小到_____以下时，晶闸管才能恢复阻断状态。

　　A. 正向漏电流　　　　　B. 通态平均电流　　　　C. 擎住电流　　　　D. 维持电流

　　答案：D

33. 为了减少门极的损耗，广泛采用_____触发信号触发晶闸管。

　　A. 直流　　　　　　　　B. 交流　　　　　　　　C. 脉冲　　　　　　　D. 交直流

　　答案：C

34. 把直流电源中恒定的电压变换成_____的装置称为直流斩波器。

　　A. 交流电压　　　　　　　　　　　　　　B. 可调交流电压

　　C. 脉动方波直流电压　　　　　　　　　　D. 可调直流电压

　　答案：D

35. 串联晶闸管在阻断状态，每个晶闸管_____。

　　A. 承受相等的正向电压　　　　　　　　　B. 承受相等的反向电压

　　C. 流过的电流为零　　　　　　　　　　　D. 流过相等的漏电流

　　答案：D

36. 晶闸管的静态均流的根本措施是_____。

　　A. 串均流变压器　　　　　　　　　　　　B. 串电感

　　C. 用门极强触发　　　　　　　　　　　　D. 挑选伏安特性比较一致的器件

　　答案：D

37. 单结晶体管触发电路输出的脉冲宽度主要决定于_____。

　　A. 单结晶体管的特性　　　　　　　　　　B. 电源电流的高低

　　C. 电源电压的高低　　　　　　　　　　　D. 电容的充电时间常数

　　答案：C

38. 下列不属于单结晶体管触发电路优点的是_____。

　　A. 单结晶体管触发电路结构简单，性能可靠

　　B. 抗干扰能力强

　　C. 温度补偿性能好

　　D. 输出脉冲前沿平缓

　　答案：D

39. 三相桥式半控整流电路中，每只晶闸管承受的最高正反向电压为变压器二次相电压的_____倍。

　　A. $\sqrt{2}$　　　　　　　B. $\sqrt{3}$　　　　　　　C. $\sqrt{2} \times \sqrt{3}$　　　　D. $2\sqrt{3}$

　　答案：C

40. 三相桥式全控整流电路，电阻性负载时，最大移相范围是_____。

　　A. $90°$　　　　　　　　B. $120°$　　　　　　　C. $150°$　　　　　　D. $180°$

　　答案：B

41. 晶闸管整流装置，若负载端串联大电感使输出电流为平直波形，则负载上消耗的功率为_____。

　　A. 输出直流电压 U_d 与输出直流电流 I_d 的乘积

　　B. 输出直流电压 U_d 与输出有效电流 I_d 的乘积

　　C. 输出有效电压 U 与输出直流电流 I_d 的乘积

　　D. 输出有效电压 U 与输出有效电流 I_d 的乘积

答案：C

42. 下列特点中，不属于采用强触发脉冲优点的是_____。
    A. 可以改变晶闸管的开通时间
    B. 有利于改善串并联器件的动态均压和均流
    C. 提高晶闸管的承受（di/dt）能力
    D. 不可以改变晶闸管的开通时间
    答案：A

43. 在逆变状态，三相全控桥式整流电路中的晶闸管，在阻断时主要承受_____。
    A. 反向电压　　　　　B. 直流电压　　　　　C. 正向电压　　　　　D. 交流电压
    答案：C

44. 逆变器是将_____的装置。
    A. 交流电变换为直流电　　　　　　　　B. 交流电压升高或降低
    C. 直流电变换为交流电　　　　　　　　D. 直流电压升高或降低
    答案：C

45. 交流调压器采取通断控制方式的缺陷是_____。
    A. 电路复杂　　　　　　　　　　　　　B. 功率因素低
    C. 输出电压调节不平滑　　　　　　　　D. 成本高
    答案：C

46. 晶闸管交流调压器可以通过控制晶闸管的通断来调节_____。
    A. 输入电压的有效值　　　　　　　　　B. 输入电压的最大值
    C. 输出电流的有效值　　　　　　　　　D. 输出电压的有效值
    答案：D

47. 三相三线交流调压电路同向不同相的晶闸管 VT_1、VT_3、VT_5 的触发脉冲相位依次相差_____。
    A. 60°　　　　　　　B. 90°　　　　　　　C. 120°　　　　　　　D. 180°
    答案：C

48. 晶闸管交流调压电路输出的电压与电流波形都是非正弦波，导通角 θ _____，即输出电压越低时，波形与正弦波差别越大。
    A. 越大　　　　　　　B. 越小　　　　　　　C. 等于 90°　　　　　D. 等于 180°
    答案：B

49. 三相同步变压器的相序接错，不会发生_____的情况。
    A. 整流输出电压正常　　　　　　　　　B. 整流输出电压缺相
    C. 无整流输出电压　　　　　　　　　　D. 触发电路工作正常
    答案：A

50. 在晶闸管可逆调速系统中，为防止逆变颠覆，应设置_____保护环节。
    A. 限制 α_{min}　　　B. 限制 β_{min}　　　C. 限制 α_{min} 和 β_{min}　　　D. 限制 β_{max}
    答案：C

51. 可控变流装置为了防止逆变失败，应设置限制 α_{min} 和 β_{min} 保护环节，触发电路一般都要采取对_____限制的措施。
    A. 控制电压　　　　　B. 同步电压　　　　　C. 电源电压　　　　　D. 偏移电压

答案：A

52. 下列直流变换电路中，电流波纹小的电路是_____。

    A. 降压变换电路   B. 升压变换电路

    C. 升降压变换电路   D. 库克电路

答案：D

53. 既能实现 DC/DC 变换，又能实现 DC/AC 变换的电路是_____变换电路。

    A. 升压直流   B. 全桥直流   C. 库克直流   D. 升降压直流

答案：B

54. 斩波器也可称为_____变换器。

    A. AC/DC   B. AC/AC   C. DC/DC   D. DC/AC

答案：C

55. 并联谐振式逆变电路中的换相方式属于_____。

    A. 器件换相   B. 电网换相   C. 负载换相   D. 电容换相

答案：C

二、多选题

1. 晶闸管的关断时间与_____有关。

    A. PN 结的温度   B. 关断前阳极电流的大小

    C. 触发脉冲的宽度   D. 维持电流

答案：A，B

2. 对晶闸管触发电路的要求是_____。

    A. 触发脉冲应有足够的功率

    B. 脉冲的频率符合要求

    C. 触发脉冲与晶闸管的阳极电压同步，脉冲移相范围满足要求

    D. 触发脉冲的波形符合要求

答案：A，C，D

3. 晶闸管保护电路中，抑制过电压的方法有_____。

    A. 用非线性元件限制过电压的幅度   B. 用电阻消耗产生过电压的能量

    C. 用非线性元件限制过电压的相位   D. 用储能元件吸收产生过电压的能量

答案：A，B，D

4. 变频器中，设置晶闸管保护电器应考虑的因素有_____。

    A. 晶闸管承受过电压和过电流的能力较差，短时间的过电流和过电压就会把器件损坏

    B. 考虑晶闸管的安装环境

    C. 要充分发挥器件应有的过载能力

    D. 要考虑装置运行时可能出现暂时的过电流和过电压的数值来确定器件的参数

答案：A，D

5. 单结晶体管触发电路的特点是_____。

    A. 电路简单，易于调整   B. 输出脉冲前沿陡

    C. 触发功率大、脉冲较宽   D. 移相范围约 1500

答案：A，B，D

6. 单结晶体管触发电路由_____等部分组成。

    A. 同步电源   B. 移相电路   C. 振荡电路   D. 脉冲形成电路

    答案：A，B，D

7. 对触发电路的精度要求较高的大、中功率的变流器，应用较多的是_____。

    A. 锯齿波触发电路   B. 单结晶体管触发电路

    C. 正弦波触发电路   D. 集成触发器

    答案：A，C，D

8. 直流电动机在电流断续时，电动机的机械特性和_____有关。

    A. 逆变角   B. 导通角   C. 重叠角   D. 电路参数

    答案：A，B，D

9. 下列属于三相半波可控整流电路缺点的是_____。

    A. 晶闸管承受较高的正反向的峰值电压

    B. 变压器二次绕组周期导电角仅 $120°$，绕组利用率低

    C. 绕组中电流是单方向的，其直流分量会使铁芯直流磁化

    D. 整流的附加电流要流入电网零线，引起额外损耗

    答案：A，B，C，D

10. 可控整流电路中，重叠角 γ 与_____有关。

    A. 直流平均电流 I_d B. 晶闸管的关断时间

    C. 换相电流 I_B D. 安全裕量角 θ

    答案：A，C

11. 三相四线制调压电路的缺点是_____。

    A. 零线上谐波电流较大，含有三次谐波

    B. 会产生较大的漏磁通，引起发热和噪声

    C. 电路中晶闸管上承受的电压高

    D. 必须采用宽脉冲或双脉冲触发

    答案：A，B

12. 三相三线制调压电路具有的优点是_____。

    A. 会产生较大的漏磁通   B. 零线上谐波电流较大

    C. 输出谐波含量低，且没有三次谐波   D. 对邻近的通信线路干扰小

    答案：C，D

13. 三相三线制交流调压电路的优点为_____。

    A. 可采用窄脉冲触发   B. 输出谐波含量低

    C. 没有三次谐波   D. 对邻近的通信线路干扰小

    答案：B，C，D

14. 在降压直流变换电路中，电感中的电流是否连续，取决于_____。

    A. 输出电压   B. 开关频率   C. 滤波电感   D. 电容的数值大小

    答案：B，C，D

15. 无源逆变通常应用于_____。

    A. 交流串级调速系统   B. 高压直流输电

    C. 不间断电源   D. 中频电源

答案：C，D

16. 可控变流装置的换流重叠角 γ 与_____有关。

  A. 晶闸管的关断时间   B. 安全裕量角

  C. 直流平均电流   D. 换相电抗

  答案：C，D

17. 逆变电流断续时，电动机的机械特性和_____有关。

  A. 逆变角   B. 负载大小   C. 电路参数   D. 导通角

  答案：A，C，D

18. 可控整流有源逆变电路通常应用于_____场合。

  A. 直流可逆电力拖动   B. 高压直流输电

  C. 家用电器   D. UPS 电源

  答案：A，B

19. 下列电路中，_____变换电路的输出电压与输入电压极性相反。

  A. 降压   B. 升压   C. 升降压   D. 库克

  答案：C，D

20. PWM 型逆变电路的多重化是为了_____。

  A. 减少低次谐波   B. 提高等效开关频率

  C. 减少开关损耗   D. 减少和载波频率有关的谐波分量

  答案：B，C，D

21. 三输入 TTL "与非" 门，若使用时只用两个输入端，则另一剩余输入端应_____。

  A. 接电源   B. 接地   C. 悬空   D. 接 "0" 电平

  答案：A，C

22. TTL "与非" 门的逻辑功能为_____。

  A. 有 0 出 1   B. 有 0 出 0   C. 全 1 出 0   D. 全 1 出 1

  答案：A，C

23. 下列公式中，错误的是_____。

  A. $AB+\overline{A}C=BC$ B. $A+BC=(A+B)(A+C)$

  C. $A+B=B$ D. $AB+\overline{A}C+BC=AB+BC$

  答案：A，D

24. 下列电路中，不属于时序逻辑电路的是_____。

  A. 计数器   B. 全加器   C. 寄存器   D. 数据选择器

  答案：B，D

25. 双稳态触发器脉冲过窄，将会使电路出现的后果是_____。

  A. 空翻   B. 不翻转   C. 触发而不翻转   D. 随机性乱翻转

  答案：B，C

26. 下列各种类型的触发器中，_____能用来构成移位寄存器。

  A. RS 触发器   B. 同步 RS 触发器

  C. 主从 JK 触发器   D. 维持阻塞触发器

  答案：C，D

27. 在三相桥式全控整流电路中_____。

A. 晶闸管上承受的电压是三相相电压的峰值

B. 负载电压是相电压

C. 晶闸管上承受的电压是三相线电压的峰值

D. 负载电压峰值是线电压有效值

答案：C，D

28. 带平衡电抗器三相双反星形可控整流电路中，平衡电抗器的作用是使两组三相半波可控整流电路_____。

A. 相串联　　　　　　　　　　B. 相并联

C. 单独输出　　　　　　　　　D. 以 $180°$ 相位差相并联

答案：B，D

29. 晶闸管两端并联 RC 吸收电路可起到_____作用。

A. 防止出现谐振现象

B. 对晶闸管换流时产生的过电压能量进行吸收

C. 保护晶闸管不致被损坏

D. 提高晶闸管的移相范围

答案：B，C

30. 整流电路加滤波器的主要作用是_____。

A. 提高输出电压　　　　　　　B. 减少输出电压脉动程度

C. 减少输出电压中的交流成分　D. 限制输出电流、降低输出电压

答案：B，C

31. 在硅稳压电路中，限流电阻 R 的作用是_____。

A. 限流　　　　B. 降压　　　　C. 调流　　　　D. 调压

答案：A，D

32. 组成晶闸管触发电路的基本环节是_____等环节。

A. 同步移相　　　　　　　　　B. 脉冲形成与整形

C. 脉冲封锁　　　　　　　　　D. 脉冲放大与输出

答案：A，B，D

33. 进行仪表校验时，应按_____选择标准仪表。

A. 标准仪表的精度应比被校仪表高 1～2 个等级

B. 标准仪表的测量：范围应比被校仪表大 1/3

C. 标准仪表与被测仪表的型号应一致

D. 标准仪表与被测仪表的测量范围应一致

答案：A，B

34. 普通晶闸管导通后处于_____状态。

A. 临界饱和　　　B. 深度饱和　　　C. 不饱和　　　D. 导通

答案：B，D

35. 电力晶闸管电压型逆变电路输出电压的方式有_____。

A. 调节直流侧电压　　B. 移相调压　　　C. 脉幅调压　　　D. 脉宽调压

答案：A，B，C

36. 按调制方法的不同，斩波器有_____三种工作情况。

A. 通断控制　　　　　　B. 脉冲调宽　　　　　　C. 调频　　　　　　D. 混合调制

答案：B，C，D

37. 斩波电路的主要用途有_____。

A. 可控直流开关稳压电源　　　　　　B. 作为焊接电源

C. 直流电机的调速控制　　　　　　D. UPS 直流电源

答案：A，B，C

三、判断题

1. 正弦交流电路发生串联谐振时，电流最小，总阻抗最大。

答案：错误

2. 为了保证晶闸管的可靠触发，外加门极电压的幅值应比 U_{GT} 大几倍。

答案：正确

3. 使用门极强脉冲触发可解决串联晶闸管开通过程的动态均压问题。

答案：错误

4. 晶体管串并联时，通常采用先并后串的连接方法连接。

答案：错误

5. 晶闸管在遭受过电压时，会立即发生反向击穿或正向转折。

答案：正确

6. 单结晶体管触发电路中，稳压管断开，电路能正常工作。

答案：错误

7. 可关断晶闸管（GTO）的开通和关断均依赖于一个独立的电源。

答案：正确

8. IGBT 的耐压很高，但温度特性较差。

答案：错误

9. 三相桥式整流电路实为三相半波共阴极组与共阳极组的串联。

答案：正确

10. 三相桥式有源逆变电路中，需对 α_{min} 和 β_{min} 限制在不小于 $30°$ 的范围内。

答案：正确

11. 直流电动机在逆变状态的特性是整流状态的延续。

答案：正确

12. 直流电动机从电动运行转变为发电制动运行，相应的变流器由整流转换成逆变，这一过程是不能在同一组桥内实现的。

答案：正确

13. 单相交流调压器对于电感性负载，控制角 α 的移相范围为 $0°\sim180°$。

答案：错误

14. 三相三线制交流调压电路比三相四线制调压电路应用更广泛。

答案：正确

15. 在降压直流变换电路中，当满足一定的条件时，纹波电压的大小与负载无关。

答案：正确

16. 改变三相桥式逆变电路晶体管的触发频率就能改变输出电压的频率。

答案： 正确

17. 改变三相桥式逆变电路晶体管的触发顺序就能改变输出电压的相序。
　　答案： 正确

18. 电压型逆变电路通常采用并联多重方式。
　　答案： 错误

19. 三相桥式有源逆变电路中，最小控制角 α_{min} 与最小逆变角 β_{min} 越大，变流装置越经济，工作越可靠。
　　答案： 错误

20. 逆变状态的机械特性是整流状态的延续。
　　答案： 正确

21. 电动机从电动运行转变为发电制动运行，原变流器由整流转换成逆变。
　　答案： 错误

22. 在控制角等于逆变角（$\alpha = \beta$）的工作制中，二组桥的输出电压平均值相等且平衡，因此不存在环流电压。
　　答案： 错误

23. 全桥直流变换电路的输入是幅度不变的直流电压，输出是幅度和极性均可变的直流电压。
　　答案： 正确

24. 凡是负载电压的相位超前负载电流的场合都可以实现负载换相。
　　答案： 错误

25. 普通示波器所要显示的是被测电压信号随频率而变化的波形。
　　答案： 错误

26. 普通示波器所要显示的是被测电压信号随时间而变化的波形。
　　答案： 正确

27. 普通示波器所要显示的是被测电压信号随电流而变化的波形。
　　答案： 错误

28. 普通示波器由垂直系统、水平系统、示波管显示和高低压电源电路组成。
　　答案： 正确

29. 具有触发延迟扫描和垂直轴延迟两种功能的示波器称为同步示波器。
　　答案： 正确

30. SBT-5型同步示波器的电路结构组成单元有垂直系统、水平放大器、触发电路、扫描发生器、示波管控制电路。
　　答案： 正确

31. SR-8型双踪示波器有三个主要单元，即主机部分、垂直系统及水平系统。
　　答案： 正确

32. 使用示波器时，不要经常开闭电源，防止损伤示波管的灯丝。
　　答案： 正确

33. 测量单相变压器同名端时一般用直流感应法。
　　答案： 正确

34. 微安表、检流计等灵敏电表的内阻，可用万用表直接测量。
　　答案： 错误

35. 用直流双臂电桥测量电阻时，应使电桥电位接头的引出线比电流接头的引出线更靠近被测电阻。

    答案： 正确

36. 在实际维修工作中，对于某些不能拆卸、解脱的设备，可使用间接测试法进行电工测量。

    答案： 正确

37. J10 绝缘胶带使用于高压电缆的绝缘。

    答案： 错误

38. J10 绝缘胶带一般使用于 1000V 及以下的电缆绝缘。

    答案： 正确

39. 绝缘物在强电场的作用下被破坏，丧失绝缘性能，这种击穿现象叫做电击穿。

    答案： 正确

40. 硅橡胶因具有耐油、阻燃、不受温度影响，且使用寿命长的特点而广泛应用于电气工程的施工和改造中。

    答案： 正确

第六模块　交直流传动系统及伺服系统装调与维修

一、单选题

1. 同步电机的转子磁极上装有励磁绕组，由_____励磁。

　　A. 正弦交流电　　　　B. 三相对称交流电　　　C. 直流电　　　　　　D. 脉冲电流

　　答案：C

2. 三相同步电动机的转子在_____时才能产生同步转矩。

　　A. 直接启动　　　　　B. 同步转速　　　　　　C. 降压启动　　　　　D. 异步启动

　　答案：B

3. 同步电动机采用异步启动，在_____时，启动绕组中的电流最大。

　　A. 转速较低　　　　　B. 转速较高　　　　　　C. 启动瞬间　　　　　D. 达到同步转速

　　答案：C

4. 同步电动机作为同步补偿机使用时，若其所接电网功率因数是电感性的，为了提高电网功率因数，那么应使该机处于_____状态。

　　A. 欠励运行　　　　　B. 过励运行　　　　　　C. 他励运行　　　　　D. 自励运行

　　答案：B

5. 要使同步发电机的输出有功功率提高，则必须_____。

　　A. 增大励磁电流　　　　　　　　　　B. 提高发电机的端电压

　　C. 增大发电机的负载　　　　　　　　D. 增大原动机的输入功率

　　答案：D

6. 同步电动机转子的励磁绕组的作用是通电后产生一个_____磁场。

　　A. 脉动　　　　　　　　　　　　　　B. 交变

　　C. 极性不变但大小变化　　　　　　　D. 大小和极性都不变化的恒定

　　答案：C

7. 造成同步电机失磁故障的原因是_____。

　　A. 负载转矩太大　　　　　　　　　　B. 同步电机励磁回路断线

　　C. 转子励磁绕组有匝间短路　　　　　D. 负载转矩太小

　　答案：B

8. 定子绕组出现匝间短路故障后，给电动机带来的最主要危害是_____。

　　A. 使外壳带电　　　　　　　　　　　B. 电动机将很快停转

　　C. 电动机绕组过热冒烟甚至烧坏　　　D. 电动机转速变慢

　　答案：C

9. 三相异步电动机外壳带电的原因是_____。

　　A. 绕组断路　　　　　B. 一相绕组接反　　　　C. 绕组接地　　　　　D. 绕组匝间短路

　　答案：C

10. 三相异步电动机启动电流很大，启动转矩不大的原因是_____。

    A. 定子阻抗大　　　　　　　　　　　　B. 定子电阻小

    C. 转子电路功率因数小　　　　　　　　D. 转子电路功率因数大

    答案：C

11. 一个三相电动机单向启动、停止控制回路，能启动不能停止，原因是_____。

    A. 停止按钮接触不良

    B. 保持接点误与停止按钮并联

    C. 启动、停止的串联支路误与保持触点并联

    D. 启动按钮接触不良

    答案：C

12. 三相电动机单向启动、停止控制回路，两个按钮都是复合式，其故障是接通电源，电机就启动运行，按停止按钮可以停止，但不能撒手，只有先按住启动按钮，再按一下停止按钮才可以停止，但启动按钮撒手，电机又启动，原因是_____。

    A. 将启动按钮的常闭触点误作为常开触点接入线路

    B. 保持触点误与停止按钮并联

    C. 误将接触器一对常闭触点用作保持触点

    D. 启动按钮接触不良

    答案：A

13. 在选择电动机的类型时，对调速和制动无特殊要求的一般生产机械而言，应首选_____。

    A. 笼型异步电动机　　　　　　　　　　B. 同步电动机

    C. 绕线式异步电动机　　　　　　　　　D. 直流电动机

    答案：A

14. 起重用的电动机，一般选用_____。

    A. 笼型异步电动机　　　　　　　　　　B. 同步电动机

    C. 绕线式异步电动机　　　　　　　　　D. 直流电动机

    答案：C

15. 三相异步电动机转子绕组的绕制和嵌线时，较大容量的绕线式转子绕组采用_____。

    A. 扁结线　　　　　B. 裸铜条　　　　　C. 锡线　　　　　D. 圆铜线

    答案：B

16. 三相异步电动机的故障一般可分为_____类。

    A. 2　　　　　　　B. 3　　　　　　　D. 4　　　　　　　D. 5

    答案：A

17. 按技术要求规定，_____电动机要进行超速试验。

    A. 笼型异步　　　　B. 线绕式异步　　　C. 直流　　　　　D. 同步

    答案：B

18. 线绕式异步电动机，采用转子串联电阻进行调速时，串联的电阻越大，则转速_____。

    A. 不随电阻变化　　　B. 越高　　　　　C. 越低　　　　　D. 测速后才可确定

    答案：C

19. 测速发电机有两套绕组，其输出绕组与_____相接。

    A. 电压信号　　　　B. 短路导线　　　　C. 高阻抗仪表　　　D. 低阻抗仪表

答案：C

20. 交流伺服电动机的转子通常做成_____式。

    A. 罩极   B. 凸极   C. 线绕   D. 鼠笼

    答案：D

21. 线性异步电动机采用转子串电阻调速时，在电阻上将消耗大量的能量，调速高低与损耗大小的关系是_____。

    A. 调速越高，损耗越大   B. 调速越低，损耗越大

    C. 调速越低，损耗越小   D. 调速高低与损耗大小无关

    答案：B

22. 对于大型异步电动机，可通过测量绝缘电阻来判断绕组是否受潮，其吸收比系数 R_{60}/R_{15} 应不小于_____。

    A. 1   B. 1.3   C. 1.2   D. 2

    答案：B

23. 他励直流电动机在所带负载不变的情况下稳定运行。若此时增大电枢电路的电阻，待重新稳定运行时，电枢电流和电磁转矩_____。

    A. 增加   B. 不变

    C. 减少   D. 一个增加，另一个减少

    答案：B

24. 按技术要求规定，_____电动机要进行超速试验。

    A. 笼型异步   B. 线绕式异步   C. 直流   D. 同步

    答案：B

25. 直流伺服电机常用的调速方法是_____。

    A. 改变磁通量   B. 改变电枢回路中的电阻 R

    C. 改变电枢电压 U D. 改变电流

    答案：C

26. 下列哪种伺服系统的精度最高：_____。

    A. 开环伺服系统   B. 闭环伺服系统

    C. 半闭环伺服系统   D. 闭环、半闭环系统

    答案：D

27. 直流伺服电动机主要适用于_____伺服系统中。

    A. 开环、闭环   B. 开环、半闭环   C. 闭环、半闭环   D. 开环

    答案：C

28. 调速系统的调速范围和静差率之间的关系是_____。

    A. 互不相关   B. 相互制约   C. 相互补充   D. 相互平等

    答案：D

29. 在电压负反馈调速系统中加入电流正反馈的作用是，利用电流的增加从而使转速_____，使机械特性变硬。

    A. 减少   B. 增大   C. 不变   D. 激增大

    答案：A

30. 无静差调速系统中，积分环节的作用使输出量_____上升，直到输入信号消失。

    A. 曲线　　　　　　　B. 抛物线　　　　　　　C. 直线　　　　　　　D. 双曲线

    答案：C

31. 带有速度、电流双闭环调速系统，在起动时速度调节器处于_____状态。

    A. 调节　　　　　　　B. 零　　　　　　　　C. 静止　　　　　　　D. 饱和

    答案：D

32. 电压型逆变器的直流端应该_____。

    A. 串联大电感　　　　B. 串联大电容　　　　C. 并联大电感　　　　D. 并联大电容

    答案：D

33. 在转速负反馈系统中，闭环系统的转速降是开环系统转速降的_____。

    A. $1+K$　　　　　　B. $1+2K$　　　　　C. $1/(1+2K)$　　　D. $1/(1+K)$

    答案：D

34. 绕线式异步电动机，采用转子串联电阻进行调速，串联电阻越大，则转速_____。

    A. 不随电阻变化　　　B. 越高　　　　　　　C. 越低　　　　　　　D. 测速才能确定

    答案：C

35. 逆变器的任务是把_____。

    A. 交流电变直流电　　B. 直流电变交流电　　C. 交流电变交流电　　D. 直流电变直流电

    答案：B

36. 三相异步电动机带恒转矩负载运行，如果电源电压下降，当电动机稳定运行后，此时电动机的电磁转矩_____。

    A. 下降　　　　　　　B. 增大　　　　　　　C. 不变　　　　　　　D. 不定

    答案：C

二、多选题

1. 同步电机的特点是_____。

    A. 机械特性为绝对硬特性，故转速恒定　　　　B. 没有启动转矩

    C. 调节励磁电流可改变其运行特性　　　　　　D. 没有启动电流

    答案：A，B，C

2. 同步发电机按不同的励磁连接方式分为_____。

    A. 同轴直流发电机励磁　　　　　　　　　　　B. 晶闸管整流器励磁

    C. 变压器励磁　　　　　　　　　　　　　　　D. 交流励磁

    答案：A，B

3. 异步启动时，同步电动机的励磁绕组不能直接短路，否则_____。

    A. 引起电流太大电机发热

    B. 将产生高电势影响人身安全

    C. 将发生漏电影响人身安全

    D. 转速无法上升到接近同步转速，不能正常启动

    答案：A，D

4. 改变_____就可以改变异步电动机转速。

    A. 电源相位　　　　　　　　　　　　　　　　B. 电源频率

    C. 转差率　　　　　　　　　　　　　　　　　D. 电动机磁极对数

答案：B，C，D

5. 正常情况下步进电机的转速取决于_____。

A. 控制绕组通电频率　　　　　　　　B. 绕组通电方式

C. 负载大小　　　　　　　　　　　　D. 绕组的电流

答案：A，B

6. 某三相反应式步进电机的转子齿数为 50，其齿距角为_____。

A. 7.2°　　　　　B. 120°　　　　　C. 360°电角度　　　　　D. 120°电角度

答案：A，C

7. 某四相反应式步进电机的转子齿数为 60，其步距角为_____。

A. 1.5°　　　　　B. 0.75°　　　　　C. 45°电角度　　　　　D. 90°电角度

答案：A，D

三、判断题

1. 顺序控制系统由顺序控制装置、检测元件、执行机构和被控工业对象所组成，是个闭环控制系统。

   答案： 错误

2. 自动调速系统中比例调节器既有放大（调节）作用，有时也有隔离与反相作用。

   答案： 正确

3. 积分调节器是被调量与给定值比较，按偏差的积分值输出连续信号，以控制执行器的模拟调节器。

   答案： 正确

4. 微分调节器的输出电压与输入电压的变化率成正比，能有效抑制高频噪声与突然出现的干扰。

   答案： 错误

5. 比例积分调节器兼顾了比例和积分二环节的优点，所以其用作速度闭环控制时无转速超调问题。

   答案： 错误

6. 转速负反馈调速系统中，速度调节器的调节作用能使电机转速基本不受负载变化、电源电压变化等所有外部和内部扰动的影响。

   答案： 错误

7. 电压负反馈调速系统中，PI 调节器的调节作用能使电动机转速不受负载变化的影响。

   答案： 错误

8. 电压、电流双闭环系统接线时，应尽可能将电动机的电枢端子与调速器输出连线短一些。

   答案： 正确

9. 转速电流双闭环系统中，ASR 输出限幅值选取的主要依据是允许的最大电枢启动电流。

   答案： 正确

10. 晶闸管交流调压电路适用于调速要求不高、经常在低速下运行的负载。

    答案： 错误

11. 调速系统的动态技术指标是指系统在给定信号和扰动信号作用下系统的动态过程品质，系统对扰动信号的响应能力也称为跟随指标。

答案：错误

12. 直流测速发电机的输出电压与转速成正比，转向改变将引起输出电压极性的改变。

答案：正确

13. 直流调速装置的安装应符合国家相关技术规范（GB/T 3886.1—2001）。

答案：正确

14. 通用全数字直流调速器的控制系统，可以根据用户自己的需求，通过软件任意组态一种控制系统，满足不同用户的需求。组态后的控制系统参数，通过调速器能自动优化，节省了现场调试时间，提高了控制系统的可靠性。

答案：正确

15. 交流测速发电机不能判别旋转方向。

答案：错误

16. 步进电动机是一种由电脉冲控制的特殊异步电动机，其作用是将电脉冲信号变换为相应的角位移或线位移。

答案：错误

17. 三相单三拍运行与三相双三拍运行相比，前者较后者运行平稳可靠。

答案：错误

18. 在直流电动机启动时不加励磁，电动机无法转动，不会飞车，电动机是安全的。

答案：错误

19. 直流可逆调速系统经常发生烧毁晶闸管现象，可能与系统出现环流有关。

答案：正确

20. 转速电流双闭环直流调速系统，一开机 ACR 立刻限幅，电动机速度达到最大值，或电动机忽转忽停出现振荡，其原因可能是有电路接触不良问题。

答案：错误

21. 步进电动机伺服系统是典型的闭环伺服系统。

答案：错误

22. 步进电机的三相单三拍控制是指电机有三相定子绕组，每次有一相绕组通电，每三次通电为一个循环。

答案：正确

23. 步进电机的三相双三拍控制是指电机有三相定子绕组，每次有两相绕组通电，每三次通电为一个循环。

答案：正确

24. 步进电机的三相六拍控制是指电机有三相定子绕组，每次有一相绕组通电，每六次通电为一个循环。

答案：错误

25. 直流伺服电机使用机械方式换向是其最大的缺点。

答案：正确

26. 直流伺服电机的最大优点是调速特性好。

答案：正确

27. 直流伺服电机使用机械方式换向是其最大的优点。

答案：错误

28. 直流伺服电机的调速特性不如交流伺服电机。

　　答案： 错误

29. 交流伺服电机的调速性能不如直流伺服电机。

　　答案： 正确

30. 目前，交流电机用变频器控制可获得较理想的转速调节系统。

　　答案： 正确

31. 有静差调速系统是依靠偏差进行调节，而无静差调速系统是依靠偏差对作用时间的积累进行调节。

　　答案： 正确

32. 电动机机械特性越硬，则静差度越大。转速的相对稳定性也越高。

　　答案： 错误

33. 转速负反馈调速系统能有效抑制一切被包围在负反馈环内主通道的扰动作用。

　　答案： 正确

34. 在 PWM 直流调速系统中，当电动机停止不动时，表明电机电枢两端没有电压。

　　答案： 错误

35. 在一些交流供电场所，可以采用斩波器来实现交流电动机调压调速。

　　答案： 错误

36. 转速负反馈单闭环无静差调速系统采用比例调节器。

　　答案： 错误

第七模块 培训与技术管理

一、单选题

1. 在生产过程中，由于操作不当造成原材料、半成品或产品损失的，属于_____事故。

A. 生产 B. 质量 C. 破坏 D. 操作

答案：A

2. 对设备进行清洗、润滑、紧固易松动的螺钉、检查零部件的状况，这属于设备的_____保养。

A. 一级 B. 二级 C. 例行 D. 三级

答案：C

3. 分层管理是现场 5S 管理中_____常用的方法。

A. 常清洁 B. 常整顿 C. 常组织 D. 常规范

答案：C

4. 目视管理是现场 5S 管理中_____常用的方法。

A. 常组织 B. 常整顿 C. 常自律 D. 常规范

答案：D

5. 按规定中、小型建设项目应在投料试车正常后_____内完成竣工验收。

A. 两个月 B. 一年 C. 三个月 D. 半年

答案：D

6. 下列叙述中，_____不是岗位操作法中必须包含的部分。

A. 生产原理 B. 事故处理 C. 投、停运方法 D. 运行参数

答案：A

7. 下列选项中，不属于标准改造项目的是_____。

A. 重要的技术改造项目 B. 全面检查、清扫、修理

C. 消除设备缺陷，更换易损件 D. 进行定期试验和鉴定

答案：A

8. 在停车操作阶段不是技师所必须具备的是_____。

A. 组织完成装置停车吹扫工作 B. 按进度组织完成停车盲板的拆装工作

C. 控制并降低停车过程中物耗、能耗 D. 指导同类型的装置停车检修

答案：D

9. 下列选项中，属于技术改造的是_____。

A. 原设计系统的恢复的项目 B. 旧设备更新的项目

C. 工艺系统流程变化的项目 D. 新设备的更新项目

答案：C

10. 为使培训计划富有成效，一个重要的方法是_____。

　　A. 建立集体目标

　　B. 编成训练班次讲授所需的技术和知识

　　C. 把关于雇员的作茧自缚情况的主要评价反馈给本人

　　D. 在实施培训计划后公布成绩

　　答案：A

11. 在培训教学中，案例法有利于参加者_____。

　　A. 提高创新意识　　　　　　　　　　　B. 系统接受新知识

　　C. 获得感性知识　　　　　　　　　　　D. 培养分析解决实际问题能力

　　答案：D

12. 课程设计过程的实质性阶段是_____。

　　A. 课程规划　　　　B. 课程安排　　　　C. 课程实施　　　　D. 课程评价

　　答案：C

13. 正确评估培训效果要坚持一个原则，即培训效果应在_____中得到检验。

　　A. 培训过程　　　　B. 实际工作　　　　C. 培训教学　　　　D. 培训评价

　　答案：B

14. 下列各种合同中，必须采取书面形式的是_____合同。

　　A. 保管　　　　　　B. 买卖　　　　　　C. 租赁　　　　　　D. 技术转让

　　答案：D

15. 变更劳动合同应当采用_____形式。

　　A. 书面　　　　　　B. 口头　　　　　　C. 书面或口头　　　D. 书面和口头

　　答案：A

16. 劳动合同被确认无效，劳动者已付出劳动的，用人单位_____向劳动者支付劳动报酬。

　　A. 可以　　　　　　B. 不必　　　　　　C. 应当　　　　　　D. 不得

　　答案：C

17. 当事人采用合同书形式订立合同的，自双方当事人_____时合同成立。

　　A. 制作合同书　　　B. 表示受合同约束　C. 签字或者盖章　　D. 达成一致意见

　　答案：C

18. 在 HSE 管理体系中，_____是管理手册的支持性文件，是管理手册规定的具体展开。

　　A. 作业文件　　　　B. 作业指导书　　　C. 程序文件　　　　D. 管理规定

　　答案：C

19. ISO 14001 环境管理体系由_____个要素所组成。

　　A. 15　　　　　　　B. 16　　　　　　　C. 17　　　　　　　D. 18

　　答案：C

20. ISO 14000 系列标准的指导思想是_____。

　　A. 污染预防　　　　　　　　　　　　　B. 持续改进

　　C. 末端治理　　　　　　　　　　　　　D. 污染预防，持续改进

　　答案：D

21. 在 HSE 管理体系中，物的不安全状态是指使事故_____发生的不安全条件或物质条件。

A. 不可能   B. 可能   C. 必然   D. 必要

答案：B

22. 在 HSE 管理体系中，风险指发生特定危害事件的_____性，以及发生事件结果严重性的结合。

A. 必要   B. 严重   C. 可能   D. 必然

答案：C

23. 在 ISO 9000 族标准中，可以作为质量管理体系审核的依据是_____。

A. GB/T 19001   B. GB/T 19000   C. GB/T 19021   D. GB/T 19011

答案：A

24. 按 ISO 9001：2000 标准建立质量管理体系，鼓励组织采用_____方法。

A. 过程   B. 管理的系统   C. 基于事实的决策   D. 全员参与

答案：A

25. 在 ISO 9001 族标准中，内部审核是_____。

A. 内部质量管理体系审核

B. 内部产品质量审核

C. 内部过程质量审核

D. 内部质量管理体系、产品质量、过程质量的审核

答案：D

26. 在 ISO 9001 族标准中，第三方质量管理体系审核的目的是_____。

A. 发现尽可能多的不符合项

B. 建立互利的供方关系

C. 证实组织的质量管理体系符合已确定准则的要求

D. 评估产品质量的符合性

答案：C

27. ISO 9000 族标准规定，_____属于第三方审核。

A. 顾客进行的审核   B. 总公司对其下属公司组织的审核

C. 认证机构进行的审核   D. 对协作厂进行的审核

答案：C

28. 在 ISO 9000 族标准中，组织对供方的审核是_____。

A. 第一方审核   B. 第一、第二、第三方审核

C. 第三方审核   D. 第二方审核

答案：D

二、多选题

1. 属于班组交接班记录的内容是_____。

A. 生产运行   B. 设备运行   C. 出勤情况   D. 安全学习

答案：A，B，C

2. 下列属于班组安全活动的内容是_____。

A. 对外来施工人员进行安全教育

B. 学习安全文件、安全通报

C. 安全讲座、分析典型事故，吸取事故教训

D. 开展安全技术座谈，消防、气防实地救护训练

答案：B，C，D

3. 设备布置图必须具有的内容是_____。

A. 一组视图   B. 尺寸及标注   C. 技术要求   D. 标题栏

答案：A，B，D

4. 在化工设备图中，可以作为尺寸基准的有_____。

A. 设备简体和封头的中心线   B. 设备简体和封头时的环焊缝

C. 设备法兰的密封面   D. 设备支座的底面

答案：A，B，C，D

5. 在化工设备图中，可以作为尺寸基准的有_____。

A. 设备简体和封头的中心线   B. 设备简体和封头时的环焊缝

C. 设备人孔的中心线   D. 管口的轴线和壳体表面的交线

答案：A，B，D

6. 下列叙述中，不正确的是_____。

A. 根据零件加工、测量的要求而选定的基准为工艺基准。从工艺基准出发标注尺寸，能把尺寸标注与零件的加工制造联系起来，使零件便于制造、加工和测量

B. 装配图中，相邻零件的剖面线方向必须相反

C. 零件的每一个方向的定向尺寸一律从该方向主要基准出发标注

D. 零件图和装配图都用于指导零件的加工制造和检验

答案：A，B，D

7. 清洁生产审计有一套完整的程序，是企业实行清洁生产的核心，其中包括_____阶段。

A. 确定实施方案   B. 方案产生和筛选

C. 可行性分析   D. 方案实施

答案：B，C，D

8. HSE体系文件主要包括_____。

A. 管理手册   B. 程序文件   C. 作业文件   D. 法律法规

答案：A，B，C

9. 下列叙述中，属于生产中防尘防毒技术措施的是_____。

A. 改革生产工艺   B. 采用新材料新设备

C. 车间内通风净化   D. 湿法除尘

答案：A，B，C，D

10. 下列叙述中，不属于生产中防尘防毒的管理措施的有_____。

A. 采取隔离法操作，实现生产的微机控制   B. 湿法除尘

C. 严格执行安全生产责任制   D. 严格执行安全技术教育制度

答案：A，B

11. 我国在劳动安全卫生管理上实行_____的体制。

A. 企业负责   B. 行业监管   C. 国家监察   D. 群众监督

答案：A，B，C，D

12. 在HSE管理体系中，危害识别的状态是_____。

A. 正常状态 　　　　B. 异常状态 　　　　C. 紧急状态 　　　　D. 事故状态

答案：A，B，C

13. 在 HSE 管理体系中，可承受风险是根据企业的_____，企业可接受的风险。

A. 法律义务 　　　　B. HSE 方针 　　　　C. 承受能力 　　　　D. 心理状态

答案：A，B

14. 在 HSE 管理体系中，风险控制措施选择的原则是_____。

A. 可行性 　　　　　　　　　　　　　B. 先进性、安全性

C. 经济合理 　　　　　　　　　　　　D. 技术保证和服务

答案：A，B

15. 在 ISO 9000 族标准中，内部质量体系审核的依据是_____。

A. 合同要素 　　　B. 质量文件 　　　C. ISO 9000 族标准 　　　D. 法律、法规要求

答案：A，B，C，D

16. ISO 9001 标准具有广泛的适用性，适用于_____。

A. 大中型企业

B. 各种类型规模及所有产品的生产组织

C. 制造业

D. 各种类型规模及所有产品的服务的组织

答案：B，D

17. 对于在产品交付给顾客及产品投入使用时才发现不合格产品，可采用以下方法处置_____。

A. 一等品降为二等品 　　　　　　　　B. 调换

C. 向使用者或顾客道歉 　　　　　　　D. 修理

答案：B，D

18. 在 ISO 9000 族标准中，关于第一方审核说法正确的是_____。

A. 第一方审核又称为内部审核

B. 第一方审核为组织提供了一种自我检查、自我完善的机制

C. 第一方审核也要由外部专业机构进行审核

D. 第一方审核的目的是确保质量管理体系得到有效实施

答案：A，B，D

19. 质量统计排列图的作用是_____。

A. 找出关键的少数 　　　　　　　　　B. 识别进行质量改进的机会

C. 判断工序状态 　　　　　　　　　　D. 度量过程的稳定性

答案：A，B

20. 质量统计因果图具有_____特点。

A. 寻找原因时按照从小到大的顺序 　　B. 用于找到关键的少数

C. 是一种简单易行的科学分析方法 　　D. 集思广益，集中群众智慧

答案：C，D

21. 质量统计控制图包括_____。

A. 一个坐标系 　　　B. 两条虚线 　　　C. 一条中心实线 　　　D. 两个坐标系

答案：B，C，D

22. 设备的一级维护保养的主要内容是_____。

A. 彻底清洗、擦拭外表　　　　　　B. 检查设备的内脏

C. 检查油箱油质、油量　　　　　　D. 局部解体检查

答案：A，B，C

23. 现场目视管理的基本要求是_____。

A. 统一　　　　B. 简约　　　　C. 鲜明　　　　D. 实用

答案：A，B，C，D

24. 在月度生产总结报告中对工艺指标完成情况的分析应包括_____。

A. 去年同期工艺指标完成情况　　　B. 本月工艺指标完成情况

C. 计划本月工艺指标情况　　　　　D. 未达到工艺指标要求的原因

答案：A，B，C，D

25. 企业在安排产品生产进度计划时，对市场需求量大，而且比较稳定的产品，其全年任务可采取_____。

A. 平均分配的方式　　　　　　　　B. 分期递增方法

C. 抛物线形递增方式　　　　　　　D. 集中轮番方式

答案：A，B

26. 技术论文标题拟订的基本要求是_____。

A. 标新立异　　B. 简短精练　　C. 准确得体　　D. 醒目

答案：B，C，D

27. 技术论文摘要的内容有_____。

A. 研究的主要内容　　　　　　　　B. 研究的目的和自我评价

C. 获得的基本结论和研究成果　　　D. 结论或结果的意义

答案：A，C，D

28. 技术论文的写作要求是_____。

A. 选题　　　　B. 主旨突出　　C. 叙述全面　　D. 语言准确

答案：A，B，D

29. 装置标定报告的目的是_____。

A. 进行重大工艺改造前为改造设计提供技术依据

B. 技术改造后考核改造结果，总结经验

C. 完成定期工作

D. 了解装置运行状况，获得一手资料，及时发现问题，有针对性地加以解决

答案：A，B，D

30. 下列选项中，属于竣工验收报告的内容有_____。

A. 工程设计　　　　　　　　　　　B. 竣工决算与审计

C. 环境保护　　　　　　　　　　　D. 建设项目综合评价

答案：A，B，C，D

31. 工程技术总结包括内容有_____。

A. 工程概况　　　　　　　　　　　B. 工程方案与进度

C. 工程质量与管理　　　　　　　　D. 工程验收和评定

答案：A，B，C，D

32. "三级验收"是指_____验收。

    A. 个人   B. 班组   C. 车间   D. 厂部

    答案：B，C，D

33. 在技术改造过程中_____的项目应该优先申报。

    A. 解决重大安全隐患   B. 生产急需项目

    C. 效益明显项目   D. 技术成熟项目

    答案：A，B，C

34. 在技术改造方案中_____设施应按设计要求与主体工程同时建成使用。

    A. 环境保护   B. 交通   C. 消防   D. 劳动安全卫生

    答案：A，C，D

35. 技术改造申请书应包括_____。

    A. 项目名称和立项依据   B. 项目内容和改造方案

    C. 项目投资预算及进度安排   D. 预计经济效益分析

    答案：A，B，C，D

36. 进行技术革新成果鉴定必要的条件是_____。

    A. 技术革新确实取得了良好的效果

    B. 申报单位编制好技术革新成果汇报

    C. 确定鉴定小组人员、资格

    D. 确定鉴定的时间、地点和参加人员，提供鉴定时所需各种要求

    答案：A，B，C，D

37. 下列选项中，属于技术改造的是_____。

    A. 原设计的恢复项目   B. 旧设备更新项目

    C. 工艺流程变化的项目   D. 能源消耗大的项目

    E. 仪表更新项目

    答案：C，D

38. 在技术改造过程中_____的项目应该优先申报。

    A. 解决重大安全隐患项目   B. 能源消耗大的项目

    C. 效益明显项目   D. 仪表更新项目

    答案：A，B，C

39. 培训方案应包括_____等内容。

    A. 培训目标   B. 培训内容   C. 培训指导者   D. 培训方法

    答案：A，B，C，D

40. 在职工培训活动中，培训的指导者可以是_____。

    A. 组织的领导   B. 具备特殊知识和技能的员工

    C. 专业培训人员   D. 学术讲座

    答案：A，B，C，D

41. 在职工培训中，案例教学具有_____等优点。

    A. 提供系统的思考模式

    B. 有利于使受培训者参与解决企业实际问题

    C. 可得到有关管理方面的知识

D. 有利于获得感性知识，加深对所学内容的印象

答案：A，B，C

42. 在职工培训中，讲授法的缺点是_____。

A. 讲授内容具有强制性　　　　　　　　B. 学习效果易受教师讲授水平的影响

C. 适用的范围有限　　　　　　　　　　D. 没有反馈

答案：A，B，D

43. 培训教案一般包括_____等内容。

A. 培训目标　　　　　B. 教学设计　　　　　C. 培训目的　　　　　D. 重点、难点

答案：A，B，C，D

44. 编写培训教案的基本技巧是_____。

A. 确立培训的主题　　　　　　　　　　B. 构思培训提纲

C. 搜集素材　　　　　　　　　　　　　D. 整理素材

答案：A，B，C，D

45. 培训项目即将实施之前需做好的准备工作包括_____。

A. 通知学员　　　　　B. 后勤准备　　　　　C. 确认时间　　　　　D. 准备教材

答案：A，B，C，D

46. 生产管理或计划部门对培训组织实施的_____是否得当具有发言权。

A. 培训时机的选择　　　　　　　　　　B. 培训目标的确定

C. 培训计划设计　　　　　　　　　　　D. 培训过程控制

答案：A，B

47. 在评估培训效果时，行为层面的评估，主要包括_____等内容。

A. 投资回报率　　　　　B. 客户的评价　　　　　C. 同事的评价　　　　　D. 主管的评价

答案：B，C，D

48. 培训评估的作用主要有_____等几个方面。

A. 提高员工的绩效和有利于实现组织的目标

B. 保证培训活动按照计划进行

C. 有利于提高员工的专业技能

D. 培训执行情况的反馈和培训计划的调整

答案：B，D

49. 开展技术培训，必须要有一个好的培训大纲，大纲内容应该包括_____。

A. 培训目的和要求　　　　　　　　　　B. 培训内容和计划

C. 培训课程日程安排　　　　　　　　　D. 考核方式和标准

答案：A，B，C，D

50. 培训方案应该包括_____。

A. 培训目标　　　　　B. 培训内容　　　　　C. 培训教师　　　　　D. 培训方法

答案：A，B，C，D

51. 开展培训项目前期应做的工作有_____。

A. 培训计划策划　　　　　　　　　　　B. 教学方案的确定

C. 通知学员　　　　　　　　　　　　　D. 培训管理和控制

答案：A，B，C，D

三、判断题

1. 关键词是为了文献标引工作，从论文中选取出来，用以表示全文主要内容信息款目的单词或术语，一般选用 3～8 个词作为关键词。

   答案：正确

2. 技术论文的摘要是对各部分内容的高度浓缩，可以用图表和化学结构式说明复杂的问题，并要求对论文进行自我评价。

   答案：错误

3. 理论性是技术论文的生命，是检验论文价值的基本尺度。

   答案：错误

4. 创见性是技术论文的生命，是检验论文价值的基本尺度。

   答案：正确

5. 生产准备应包括：组织机构（附组织机构图）、人员准备及培训、技术准备及编制《投料试车总体方案》（附投料试车统筹网络图）、物资准备、资金准备、外部条件准备和营销准备。

   答案：正确

6. 工艺技术规程侧重于主要规定设备如何操作。

   答案：错误

7. 工艺技术规程侧重于主要规定设备为何如此操作。

   答案：正确

8. 岗位操作法应由车间技术人员根据现场实际情况编写，经车间主管审定，并组织有关专家进行审查后，由企业主管批准后执行。

   答案：正确

9. 论文摘要十分重要，它是沟通读者和作者之间的桥梁。在今天信息时代，读者不可能阅读刊物的每一篇论文去查找所需的信息，只有通过摘要了解论文的主要内容，从而判断有无必要阅读全文。

   答案：正确

10. 摘要是论文内容不加注释和评论的简短陈述，应包含正文的要点，具有独立性和自含性，让读者不阅读全文就能了解全文内容。

    答案：正确

11. 科技论文摘要的编写要点是科技论文的重要组成部分，是以提供文献内容梗概为目的，不加评论和解释，简明、确切地记述文献重要内容的短文。

    答案：正确

12. 摘要应具有独立性和自明性，并拥有与文献同等量的主要信息，即不阅读全文，就能获得必要的论文信息。

    答案：正确

13. 技术论文摘要是整篇文章的高度概括，文字简练、思路明确、重点突出，可以不用图表表示，摘要文字不要超过整篇文章字数的百分之五。

    答案：正确

14. 摘要编写应内容充实，中文摘要一般在 150 字～250 字之间，英文摘要应在 150 个词左右，应尽可能取消或减少课题研究的背景信息。

答案：正确

15.摘要出现的数据应是最重要、最关键的数据；除了实在无法变通以外，一般不列数学公式，不出现插图和表格。

答案：正确

16.参考文献要列出引用文献的名称、作者、资料来源（包括期刊文献名称、出版单位、出版日期和卷号）。

答案：正确

17.所谓技术总结是指对已做过的工程或工作内容进行总结，可以对整个项目或某个专项进行分析总结。

答案：正确

18.技术总结很重要，无论是口头总结，还是文字总结，它是每个工程技术人员学习的必要过程，总结好坏与工程或工作完成情况是分不开的。

答案：正确

19.技术总结要求专业技术人员对已做过的工作进行收集整理，通过收集整理提高认识，获得经验，为以后的工作打下基础。

答案：正确

20.技术改造的过程中竣工验收时应以基础设计为依据。

答案：错误

21.技术改造的过程中竣工验收的依据是批准的项目建议书、可行性研究报告、基础设计（初步设计）、有关修改文件及专业验收确认的文件。

答案：正确

22.技术改造项目正式验收后，要按照对技术经济指标进行考核标定，编写运行标定报告。

答案：错误

23.技术改造要依据企业基础和资源优势，积极采用高新技术和先进适用技术改造传统工业，推动高新技术应用，加快促进工业结构调整，推动产业跃升。

答案：正确

24.坚持技术改造与自主创新相结合。通过技术改造提高企业自主创新能力，完善自主创新体系，掌握具有自主知识产权的关键核心技术，加快实现科技成果转化生产力。

答案：正确

25.坚持技术改造与企业机制创新相结合。要不断创新企业机制，尽快形成与企业技术改造相适应的激励机制和约束机制，最大限度地发挥和提高新技术应用。

答案：正确

26.通过技术改造，促进企业结构不断优化，产业集中度不断提高，企业核心竞争力不断增强。

答案：正确

27.在技术改造过程中，环境保护、安全卫生、消防设施按设计要求与主体工程同时建成使用。

答案：正确

28.技术改造过程中竣工验收是根据市场需要提出方案和基础设计为依据。

答案： 错误

29. 技术改造过程中竣工验收的依据是根据批准的项目任务建议书、可行性研究报告、初步设计和有关文件为依据。

    答案： 正确

30. 培训需求分析是培训方案设计和制定的基础和指南。

    答案： 正确

31. 案例教学因受到案例数量的限制，并不能满足每个问题都有相应案例的需求。

    答案： 正确

32. 主题是培训教案的灵魂，提纲是教案的血脉，素材是培训教案的血肉。

    答案： 正确

33. 在培训活动中，学员不仅是学习资料的获取者，同时也是一种可以开发利用的宝贵学习资源。

    答案： 正确

34. 对内容、讲师、方法、材料、设施、场地、报名的程序等方面的评价属于结果层面的评价。

    答案： 错误

35. 对内容、讲师、方法、材料、设施、场地、报名的程序等方面的评价属于反应层面的评价。

    答案： 正确

36. 开展技术培训，必须要有一个好的培训大纲，大纲内容应该包括培训目的和要求；培训内容和计划；培训课程日程安排；考核方式和标准。

    答案： 正确

37. 培训方案应该包括培训目标；培训内容；培训教师；培训方法等。

    答案： 正确

38. 培训要根据其培训目标和培训计划，确定培训日期和课时，一般初级不少于 360 标准学时，中级不少于 300 标准学时，高级不少于 240 标准学时，技师和高级技师不少于 200 标准学时。

    答案： 正确

39. 培训初级、中级人员的教师应具有本职业高级及高级以上职业资格证书和具有中级职称的技术人员担任。

    答案： 正确

40. 培训高级人员的教师应具有本职业技师及技师以上职业资格证书和具有高级职称的技术人员担任。

    答案： 正确

41. 培训技师和高级技师人员的教师应具有本职业高级技师职业资格证书和具有高级职称的技术专家担任。

    答案： 正确

42. ISO 14000 系列标准是对管理标准的一个重大改进，就是建立了一套对组织环境行为的评价体系，这便是环境行为评价标准。

    答案： 正确

43. 环境管理体系的运行模式，遵守由查理斯·德明提供的规划策划（PLAN）、实施（DO）、验证（CHECK）和改进（ACTION）运行模式，简称 PDCA 模式。

   答案：正确

44. 环境管理体系的运行模式与其他管理的运行模式相似，共同遵循 PDCA 运行模式，没有区别。

   答案：错误

45. 环境管理体系的运行模式与其他管理的运行模式相似，除了共同遵循 PDCA 运行模式外，它还有自身的特点，那就是持续改进，也就是说它的环线是永远不能闭合的。

   答案：正确

46. 采取隔离操作，实现微机控制，不属于防尘防毒的技术措施。

   答案：错误

47. 采取隔离操作，实现微机控制是防尘防毒的技术措施之一。

   答案：正确

48. 严格执行设备维护检修责任制，消除"跑冒滴漏"是防尘防毒的技术措施。

   答案：错误

49. 严格执行设备维护检修责任制，消除"跑冒滴漏"是防尘防毒的管理措施。

   答案：正确

50. 在 ISO 14001 环境管理体系中，初始环境评审是建立环境管理体系的基础。

   答案：正确

51. 在 HSE 管理体系中，定量评价是指不对风险进行量化处理，只用发生的可能性等级和后果的严重度等级进行相对比较。

   答案：错误

52. 在 HSE 管理体系中，定性评价是指不对风险进行量化处理，只用发生的可能性等级和后果的严重度等级进行相对比较。

   答案：正确

53. HSE 管理体系规定，在生产日常运行中各种操作、开工停工、检查维修作业，以及进行基建及变更等活动前，均应进行风险评价。

   答案：正确

54. 在 HSE 管理体系中，评审是高层管理者对安全、环境与健康管理体系的适应性及其执行情况进行正式评审。

   答案：正确

55. 在 HSE 管理体系中，一般不符合项是指能使体系运行出现系统性失效或区域性失效的问题。

   答案：错误

56. 在 HSE 管理体系中，一般不符合项是指个别的、偶然的、孤立的、性质轻微的问题或者是不影响体系有效性的局部问题。

   答案：正确

57. HSE 管理体系规定，公司应建立事故报告、调查和处理管理程序，所制定的管理程序应保证能及时地调查、确认事故（未遂事故）发生的根本原因。

   答案：正确

58.某组织已经通过了 ISO 9000 认证，在编写 HSE 管理体系文件时，应尽量考虑与原有体系文件之间的协调问题，避免出现相互矛盾和不协调。

　　答案：正确

59.只有 ISO 9000 族质量保证模式的标准，才能作为质量审核的依据。

　　答案：错误

60.除 ISO 9000 族质量标准以外，还有其他一些国际标准可以作为质量审核的依据。

　　答案：正确

61.IS09000：2000 版标准减少了过多强制性的文件化要求，使组织更能结合自己的实际，控制体系过程，发挥组织的自我管理能力。

　　答案：正确

62.ISO 9000 族标准中，质量审核是保证各部门持续改进工作的一项重要活动。

　　答案：正确

63.IS0 9000 族标准的三种审核类型中，第三方审核的客观程度最高，具有更强的可信度。

　　答案：正确

64.在实践中，口头形式是当事人最为普遍采用的一种合同约定形式。

　　答案：错误

65.在实践中，书面形式是当事人最为普遍采用的一种合同约定形式。

　　答案：正确

66.企业在聘用时与职工订立伤亡事故由职工个人自负的“生死合同”是非法的、无效的，是不受法律保护的。

　　答案：正确

◆ 参考文献 ◆

［1］ 许启贤. 职业道德. 北京：蓝天出版社，2001.

［2］ 王兆晶. 维修电工（高级）鉴定培训教材. 北京：机械工业出版社，2011.

［3］ 狄建雄. 维修电工（高级）国家职业技能鉴定考核指导. 东营：中国石油大学出版社. 2014.

［4］ 中国石化鉴定指导中心. 职业技能鉴定国家题库石化分库试题选编：维修电工. 北京：中国石化出版社,2015.

［5］ 杨杰忠. 可编程序控制器及其应用. 北京：中国劳动与社会保障出版社,2015.

［6］ 邵展图. 电工基础. 北京：中国劳动与社会保障出版社,2015.

［7］ 郭赟. 电子技术基础. 北京：中国劳动与社会保障出版社,2015.